POUR COMPRENDRE L'UNIVERS

DANS LA MÊME COLLECTION

BROGLIE Louis de, *La physique nouvelle et les quanta.*
DENTON Michael, *Évolution, une théorie en crise.*
EINSTEIN Albert, *Comment je vois le monde.*
EINSTEIN Albert, *Conceptions scientifiques.*
EINSTEIN Albert et INFELD Léopold, *L'évolution des idées en physique.*
HEISENBERG, *La partie et le tout. Le monde de la physique atomique.*
KUHN Thomas, *La structure des révolutions scientifiques.*
LORENZ Konrad, *L'envers du miroir.*
PLANCK Max, *Initiation à la physique.*
POINCARÉ Henri, *La science et l'hypothèse.*
THOM René, *Paraboles et catastrophes.*

DANS LA NOUVELLE BIBLIOTHÈQUE SCIENTIFIQUE

SELLERI Franco, *Le grand débat de la théorie quantique.*
HAWKING Stephen, *Une brève histoire du temps. Du Big Bang aux trous noirs.*
LLOYD G. E. R., *Raison, magie et expériences. Origines et développements de la science grecque.*
LOCHAK Georges, DINER Simon, FARGUE Daniel, *L'objet quantique.*
MANDELBROT Benoît, *Les objets fractals.*

ARMAND H. DELSEMME
JEAN-CLAUDE PECKER
HUBERT REEVES

POUR COMPRENDRE L'UNIVERS

FLAMMARION

AVERTISSEMENT

Les trois essais qui forment la matière de ce livre ont été écrits à l'occasion d'une célébration francophone de la création d'une association d'astronomie. Comme tels, ils portent la marque des circonstances et, en particulier, ils n'ont pas été *concertés*. Les opinions des trois auteurs n'engagent évidemment qu'eux-mêmes, et la science — surtout des étoiles ou de l'Univers —, si elle reste une recherche commune, n'exclut pas les désaccords, les dysharmonies, provisoires ou non.

Note de l'éditeur.

ISBN 2-08-081234-3

AVANT-PROPOS

CINQUANTE ANS DE PROGRÈS EN ASTRONOMIE

Les trois essais présentés dans les pages qui suivent s'efforcent de donner un aperçu des progrès récents faits en astronomie dans trois directions bien différentes : l'origine du système solaire, l'évolution des étoiles et les premiers moments de l'Univers.

En 1938, l'origine du système solaire restait encore assez mystérieuse. Dans son « Exposition du Système du Monde », Laplace avait bien proposé dès 1796 que le Soleil s'était condensé au centre d'une grande nébuleuse gazeuse en rotation qui, en se contractant, avait abandonné derrière elle une série d'anneaux donnant naissance aux planètes. Mais un Soleil ainsi formé tournerait quelque cent fois trop vite, et des anneaux gazeux ne se condenseraient d'ailleurs pas en planètes.

Pour surmonter ces difficultés, Chamberlain et Moulton (1900), puis Jeans (1910) avaient proposé que le Soleil préexistait, et que le passage rasant d'une étoile lui avait arraché assez de matière pour former les planètes : la vitesse de l'étoile (et non la rotation du Soleil) fournissait la source du moment angulaire des planètes. Pourtant, l'analyse numérique de ces théories avait vite démontré que la matière arrachée se dissipe et ne se condense nullement en planètes, de sorte qu'il y a cinquante ans on se trouvait toujours dans une impasse. On commençait pourtant à soupçonner que des phénomènes électromagnétiques avaient pu jouer un rôle dans la formation du Soleil.

En fait, nous savons maintenant que l'interaction

du vent solaire avec le champ magnétique du Soleil a pu considérablement freiner sa rotation depuis cinq milliards d'années. La formation simultanée du Soleil et des planètes en un seul processus n'est donc pas impossible, mais ce retour aux idées de Laplace n'est devenu vraiment acceptable que lorsque la preuve de l'existence du vent solaire a finalement été apportée par l'exploration spatiale.

Notre conquête de l'espace a aussi bouleversé nos idées sur la formation des planètes. Par la découverte de cratères d'impact sur la plupart des surfaces solides des planètes et des satellites, elle a notamment révélé le rôle majeur joué par les collisions à l'origine du système solaire. L'analyse quantitative des atmosphères planétaires par les sondes spatiales, liée à la chimie, la pétrographie et la minéralogie des météorites et des cailloux lunaires, a donné de nouvelles perspectives sur la nature chimique de la nébuleuse solaire primitive. L'importance de l'exploration spatiale a donc été capitale dans l'évolution de nos idées. C'est une des raisons pour lesquelles, avant de parler de l'origine du système solaire, j'ai tenu d'abord à résumer la conquête de l'espace. Cette conquête a complètement transformé l'allure de l'astronomie planétaire depuis un demi-siècle.

Dans la deuxième partie, c'est Jean-Claude Pecker qui retrace l'évolution des étoiles. Que de progrès dans ce domaine depuis cinquante ans ! En 1938, on comprenait déjà, bien entendu, l'importance du diagramme de Hertzsprung-Russell pour interpréter l'évolution stellaire, mais on ne déchiffrait pas encore clairement son message (voir Pecker p. 131).

On croyait notamment qu'une étoile, après être née à la droite du diagramme sous forme d'une géante rouge, glissait horizontalement vers la gauche en s'échauffant, le long de la séquence des géantes de plus en plus blanches, puis redescendait en oblique vers la droite en se refroidissant, le long de la séquence principale. Les deux séquences observées semblaient dessiner sur le diagramme le trajet obligé de l'évolution des étoiles.

On n'avait pas encore compris que la visibilité des séquences observées résultait d'un séjour extrêmement long presque à la même place du diagramme tant que les étoiles brûlaient le même combustible nucléaire, tandis que les transitions rapides d'une séquence à l'autre allaient trop vite pour laisser une trace détectable. On avait pourtant déjà réalisé que la clé de l'évolution initiale est un tassement de l'étoile dû à la gravitation, qui l'échauffe jusqu'au moment où les réactions thermonucléaires sont amorcées. On avait aussi compris le principe de ces réactions, mais leurs conséquences sur la température superficielle et le diamètre de l'étoile n'en avaient pas été élucidées.

Maintenant que nous comprenons mieux la structure interne des étoiles à différents stades de leur évolution, nous savons que seules la densité et la température *centrales* doivent toujours s'accroître chaque fois qu'un combustible nucléaire s'épuise au sein de l'étoile. Par contre, le rayonnement central peut devenir si grand que les couches extérieures se dilatent, de sorte que la température superficielle s'abaisse et l'étoile redevient une géante rouge, par une évolution si rapide qu'on ne la détecte pas pendant la transition.

Ce n'est donc pas le degré d'évolution des étoiles qui dessine la séquence principale, c'est l'existence d'étoiles plus ou moins massives. On avait ignoré le rôle essentiel joué par la diversité des masses des étoiles. Depuis lors on a aussi identifié l'existence de phénomènes plus ou moins violents qui peuvent modifier considérablement la masse des étoiles au cours de leur évolution (novae et supernovae, etc.). Finalement, le rôle de la masse a permis de séparer les trois aboutissements très différents de la vie stellaire : naines blanches de faible masse, étoiles à neutrons de masse moyenne, trous noirs de masse élevée.

En résumé, mieux nous comprenons les détails de la vie et de la mort des étoiles, plus la complexité des phénomènes réels devient apparente. Nous devons être très reconnaissants à Jean-Claude Pecker qui, pour le lecteur attentif, arrive à rendre toute cette complexité compréhensible en en démontant tous les mécanismes.

La troisième partie, due à Hubert Reeves, concerne l'étude de l'Univers pris dans son ensemble : c'est la définition de la cosmologie. Pendant des siècles, la cosmologie a fait partie de la métaphysique : remonter aux causes premières et aux premiers principes de l'Univers semblait devoir échapper à jamais aux observations et à la méthode scientifique. Il y a cinquante ans, la cosmologie venait pourtant tout à coup, sans crier gare, d'entrer dans le domaine des sciences exactes. En effet, la découverte de la récession des galaxies par Hubble en 1928 avec une vitesse quasiment proportionnelle à leur éloignement semblait avoir tout à coup introduit une loi cosmologique, qui était basée sur l'observation. L'étonnement était renforcé par le fait que cette loi même avait été prédite au moyen d'un modèle cosmologique véritable, basé sur la relativité généralisée, c'est-à-dire sur la loi de gravitation découverte par Einstein.

Cette prédiction avait été publiée en avril 1927 par une jeune abbé belge dans les Annales de la Société Scientifique de Bruxelles où elle resta généralement ignorée jusqu'en 1930, moment où Eddington la tira de l'oubli. J'ai eu le privilège de très bien connaître l'abbé Lemaître, un homme modeste et effacé, au moment où, devenu chanoine, il était professeur à l'Université Catholique de Louvain.

Les modèles cosmologiques purement théoriques n'avaient été acceptés auparavant que comme un jeu intellectuel qui frisait la métaphysique. Voilà que tout à coup ils expliquaient — mieux que cela, ils prédisaient — des observations ! Il fallait bien qu'on commence à les prendre au sérieux ! Qu'on les accepte ou non, l'observation de la fuite des galaxies lointaines impliquait l'existence d'un état hyperdense de l'Univers, qui avait bien dû exploser à une date précise dans le passé. Lemaître (1945) passe à la limite et propose l'existence d'un « atome primitif » où toute la matière de l'Univers était concentrée à très haute température. Cet atome est forcément radioactif et il explose. Un tel atome, où toutes les charges électriques se neutralisent est en réalité un isotope du neutron. Il n'est pas fondamentalement différent d'une moderne étoile à neutrons qui contiendrait toute la masse de l'Univers.

Gamow (1948) postule aussi au début de l'expansion une « boule de neutrons » et de radiations à une température fantastique, mais il en déduit deux conséquences : d'abord, tous les atomes que nous connaissons ont été « cuits » à ce moment-là, et les abondances respectives des différents éléments ont alors été fixées une fois pour toutes par un refroidissement rapide. Nous savons maintenant que les abondances des atomes ont été encore modifiées par les « cuissons » nucléaires au cœur des étoiles, mais la prédiction de Gamow reste valable pour les éléments très légers : notamment, le rapport des abondances de l'hydrogène à l'hélium que nous observons maintenant a été fort influencé par la « cuisson » du Big Bang [1]. Sa seconde prédiction est que la radiation intense du Big Bang doit rester observable (quoique fortement déplacée vers les grandes longueurs d'ondes par récession) puisqu'en observant au loin, nous regardons dans le passé. Mais il y a cinquante ans, on ne prenait pas encore les prédictions cosmologiques au sérieux, et puis, pouvait-on jamais espérer détecter une telle radiation ?

La découverte du reflet du Big Bang en 1965 nous a tous pris par surprise. Ainsi, voilà une autre observation de nature cosmologique encore une fois prédite avant sa découverte ! Et j'ai bien cru moi-même que, cette fois, c'était fini : nous ne pourrions jamais remonter plus loin dans le passé, car le reflet lui-même du Big Bang semblait bien constituer un voile opaque qui faisait tomber un rideau métaphysique entre nous et les premiers moments de l'Univers. Hubert Reeves se charge de nous démontrer le contraire, et c'est une entreprise très courageuse car il doit aborder des questions qui sont à la pointe des recherches les plus

1. L'expression « Le Big Bang » (le Grand Boum) a été introduite par dérision par Fred Hoyle ; utilisée par Gamow, l'expression a pris racine, en français comme en anglais, pour parler de l'explosion qui aurait donné naissance à l'Univers.

avancées. La surprenante uniformité du reflet du Big Bang est en soi une précieuse indication qu'il faut concilier avec la fabrication rapide d'inhomogénéités, les « grumeaux », qui deviendront les galaxies. Aux très hautes températures qu'on imagine pour le Big Bang, les quatre forces si différentes qu'on connaît en physique (gravitation, électromagnétisme, nucléaire faible et nucléaire forte) semblent atteindre des valeurs identiques, ce qui suggère qu'elles sont les quatre manifestations d'un phénomène unique plus profond. L'unification des quatre forces de la nature est le grand espoir d'une tentative en plein développement chez les physiciens, mais il semble que ces lignes soient écrites encore une dizaine d'années trop tôt.

La cosmologie du Big Bang nous conduit tout droit sur les terrains peu familiers que les non-spécialistes risquent de prendre trop aisément pour des jeux métaphysiques sans signification. A cet égard, je me contenterai de rappeler la prédiction de l'abbé Lemaître avant la découverte de la fuite des galaxies lointaines, ou celle de George Gamow avant la découverte de la radiation à 3 K, reflet fossile du Big Bang. Ne soyons pas trop sévères pour les nouvelles perspectives. Peut-être contiennent-elles en germe les sensationnelles découvertes de demain.

En ma qualité de Président-Fondateur de la Société Astronomique de Liège (eh oui, c'était il y a cinquante ans, ce qui ne me rajeunit pas !) j'ai accepté de coordonner les trois parties de ce livre commémoratif. Mes amis Jean-Claude Pecker et Hubert Reeves m'ont rendu la tâche très légère. Je tiens à les remercier de tout cœur de deux contributions en tous points exceptionnelles. La réalisation de ce volume n'eut pas été possible sans la participation enthousiaste du comité de la Société Astronomique de Liège, en particulier de son Président André Lausberg, ainsi que de Jean Manfroid, rédacteur du bulletin « Le Ciel » et de Charles Scimar, conseiller de la Société depuis ses premiers moments.

Toledo, Ohio,
Armand H. Delsemme.

A LA DÉCOUVERTE DE NOS ORIGINES DANS LE SYSTÈME SOLAIRE

Armand H. Delsemme

INTRODUCTION

Nous venons de traverser dans l'histoire de l'humanité une période à la fois exceptionnelle et aventureuse. Nos lointains descendants se souviendront sans doute du XXᵉ siècle surtout comme du moment où l'homme a quitté la Terre pour la première fois et est parti à la conquête de l'espace, un peu à la manière dont nous nous souvenons de la découverte de l'Amérique au XVᵉ siècle par Christophe Colomb.

Et, déjà, les premières images de la Terre vue de l'espace ont changé pour toujours la perception de l'homme de la rue : chacun sait maintenant que notre planète est une boule bleue hospitalière au milieu d'un ciel noir immense et hostile qui, très loin, contient d'autres mondes déserts. La découverte des limites finies de notre « vaisseau spatial » a popularisé des idées inconnues il y a cinquante ans, idées qui sont la source du mouvement écologique : ne gaspillons pas nos ressources et ne polluons pas l'environnement.

Il est surprenant de constater qu'il y a seulement un demi-siècle le grand public et la plupart des astronomes avaient tendance à regarder l'astronautique comme une chimère lointaine, surtout représentée dans les esprits par l'obus du voyage à la Lune de Jules Verne. Ajoutons qu'à cette époque les surfaces planétaires étaient à la limite des conditions d'observation, et que les techniques pour étudier leurs conditions physiques étaient peu sûres. Par contre, l'étude des spectres stellaires faisait progresser rapidement l'astrophysique, de sorte qu'un certain nombre d'astronomes professionnels avaient tendance à laisser l'observation des planètes aux amateurs. Depuis une trentaine d'années, les sondes spatiales automatiques ont bouleversé la situation. Une nouvelle discipline est née : la planétologie comparée, qui a tout à coup permis de comprendre à quel point l'existence de la vie sur Terre a stabilisé le climat de notre planète, mais aussi de mesurer le danger de perturber cet équilibre qui reste essentiellement délicat. Ainsi, au moment précis où nous commençons à modifier dangereusement les conditions écologiques globales de notre planète, nous apprenons leur fragilité et leur importance pour notre survie sur Terre. Il ne nous manque plus, à l'échelle du monde, qu'un peu de sagesse.

Dans un autre ordre d'idées, nous avons récemment fait des progrès considérables dans la recherche de nos origines. Le problème de l'origine de l'homme sur la Terre a été étendu à l'origine de la vie, aussi bien sur la Terre que dans l'Univers. La chimie organique et la biologie moléculaire, l'astronomie et l'exploration spatiale, l'étude des météorites et des cailloux lunaires nous ont soudainement apporté un nombre considérable de pièces du puzzle. Nous en assemblons pas à pas les morceaux, mais la tâche est immense et la route est ardue. Pourtant nous commençons à percevoir déjà certaines éclaircies dans la brume de notre ignorance : quelques traits de l'image d'ensemble commencent à nous apparaître dans au moins trois perspectives différentes. Ces perspectives sont respectivement :

— la naissance, l'origine et l'évolution du système solaire

— les origines cosmiques de la vie sur Terre

— l'étude des processus qui ont façonné notre environnement terrestre.

Loin de nous sont à présent les illusions naïves qui subsistaient encore au début du siècle, et qui voulaient peupler de multiples formes de vie les différents mondes planétaires de notre système solaire. Les prétendus « canaux » de Mars ont cédé la place à un monde aride ; sa « végétation » a été remplacée par un désert stérile. La couverture nuageuse de Vénus cachait une fournaise. Le degré d'oxydation de Mars, la chaleur intense de Vénus sont hostiles aux formes de la vie terrestre les plus adaptables. Ainsi, nos espoirs de découvrir d'autres formes de vie dans notre système solaire se sont amenuisés à mesure que notre connaissance des autres mondes planétaires faisait des progrès.

Par contre, il nous est progressivement apparu que la nature des processus qui ont conduit à l'apparition de la vie sur Terre est telle qu'ils ont dû se reproduire un très grand nombre de fois dans l'Univers. La formation de systèmes planétaires autour de certaines étoiles ne semble pas requérir des circonstances exceptionnelles ; les substances organiques nécessaires à la vie préexistent dans l'espace interstellaire et sont apportées vers les planètes par suite du processus même de leur formation.

L'étude des origines de la vie sur Terre nous révélera peut-être un jour si, en partant de ces molécules organiques prébiotiques, les conditions favorables à son éclosion restent néanmoins difficiles à réaliser. En attendant, nous avons récemment acquis la possibilité technique surprenante d'envoyer des signaux radioélectriques détectables jusqu'à l'autre bout de notre Galaxie. Réciproquement, nous sommes devenus capables d'en détecter de semblables, s'ils parviennent jusqu'à nous. Des programmes d'écoute systématique sont à présent en cours grâce aux radiotélescopes. Si d'innombrables civilisations comme la nôtre existent ailleurs dans notre Galaxie — possibilité que l'état actuel de notre ignorance ne nous permet pas de rejeter — il n'est pas impossible qu'au cours du XXIe siècle la détection de signaux provenant d'une autre civilisation ne jette une lumière nouvelle sur le problème de nos origines.

Dans les pages qui suivent, nous allons nous limiter à deux sujets bien définis : ce sont les deux grandes motivations qui peuvent justifier, aux yeux du public, la conquête de l'espace par les hommes, son exploration par des machines, et les budgets considérables que ces deux entreprises impliquent.

La première de ces motivations est sans doute basée sur l'esprit d'aventure qui reste caché au fond de nos cœurs : elle concerne l'astronautique elle-même et les perspectives lointaines que cette technique semble nous ouvrir dans les siècles futurs.

La deuxième de ces motivations est basée sur la curiosité inhérente à la nature humaine. Nous gardons tous le désir de comprendre un peu mieux l'origine de l'homme et de la vie sur Terre, sans doute toujours avec l'arrière-pensée de chercher une signification à notre présence dans un Univers qui reste mystérieux ; l'homme est un animal métaphysique.

Dans la première partie de notre exposé, nous reparlerons donc de l'astronautique, depuis ses débuts jusqu'à ses perspectives lointaines. Nous y raconterons notamment l'exploration spatiale du système solaire. Nous n'y parlerons pourtant pas de tout ce que nous avons appris sur chaque planète individuelle ; il nous faudrait tout un livre car il faudrait aussi y inclure les observations faites du sol, dont la contribution est évidemment considérable. Il se fait pourtant que l'exploration spatiale des planètes a apporté de nouvelles connaissances physico-chimiques ; c'est le fil d'Ariane qui nous mène vers nos origines.

Sans même parler des atmosphères planétaires avec leurs compositions chimiques quantitatives, faut-il rappeler la surprise produite par la découverte de cratères d'impact partout, révélant l'existence d'un bombardement primordial à l'origine du système solaire ?

Ceci nous mène vers la deuxième partie de notre exposé, où nous nous tournons vers l'origine du système solaire, en y incluant l'origine de la vie sur Terre. Le sujet me paraît particulièrement opportun en 1988, parce que la compréhension des phénomènes qui ont présidé à la formation du système solaire vient de progresser dans les dernières années. Pendant longtemps, on n'est pas arrivé à aborder le problème de l'origine du système solaire sur des bases scientifiques solides, de sorte que des hypothèses invérifiables se multipliaient et se contredisaient.

Depuis quelques années au contraire, un consensus semble émerger dans la communauté scientifique, et il y a un nombre de plus en plus grand d'astronomes qui travaillent sur les détails d'un scénario unique. Ce scénario n'est plus attaché à un nom unique et c'est bon signe, car en général c'est à des hypothèses démontrées fausses que des noms d'auteurs restent attachés. Sans parler des contributions individuelles, trois grandes écoles ont contribué à la situation présente : les écoles soviétique, américaine et japonaise.

Nombreux sont les détails qui ne sont pas encore résolus. Pourtant, il ne semble plus subsister de lacunes graves dans le présent scénario, et c'est une situation très récente. Il y a quelque temps déjà, Hubert Reeves a participé à l'effort général et, dans un livre qu'il avait édité en 1972, il concluait que la plupart des chapitres décrivant l'origine du système solaire n'avaient pas été écrits. J'espère que mon ami Hubert me pardonnera la présomption de tenter de résumer la situation nouvelle, y compris les chapitres qui manquaient encore en 1972. Mon scénario reste parfois simpliste et j'ai tenté d'escamoter les dernières difficultés, dans le but d'alléger la lecture d'une histoire qui, quoi qu'on fasse, reste étonnamment compliquée.

Je terminerai l'histoire de l'origine du système solaire par une description de l'évolution des planètes terrestres [1] et de leurs atmosphères, en y incorporant bien entendu l'apparition et l'évolution de la vie sur Terre.

1. Les planètes terrestres, que certains auteurs préfèrent appeler telluriques, sont Mercure, Vénus, la Terre et Mars.

CHAPITRE PREMIER

L'EXPLORATION SPATIALE DU SYSTÈME SOLAIRE

1. Les débuts de l'astronautique

On pourrait dire que l'histoire de l'astronautique remonte à Newton, puisque dans ses Principia (1687) il prédit la vitesse circulaire requise par un satellite artificiel pour tourner autour de la Terre (environ 8 km/s à la limite de notre atmosphère) ; il prédit aussi la vitesse de libération de la gravité terrestre (un peu plus de 11 km/s).

Avant la Seconde Guerre mondiale, l'astronautique n'existait pourtant que dans les romans, et les romanciers en avaient exagéré la nature utopique en inventant des solutions irréalisables.

C'est le cas du canon géant de Jules Verne (De la Terre à la Lune, 1865). Malgré ses 275 mètres de long, son tir aurait écrasé les passagers sur le plancher du véhicule. C'est que, dans un tel canon, il faut infliger au projectile une accélération voisine de 50 000 fois celle de la pesanteur de manière à atteindre la vitesse initiale de 16 km/s proposée par Jules Verne. L'auteur a pensé à la résistance de l'air, c'est pourquoi il veut 16 et non 11 km/s. Mais pendant la traversée de l'atmosphère, cette résistance de l'air aurait pour effet d'écraser les passagers une deuxième fois, cette fois sur le plafond de leur projectile.

Le seul moyen de ne pas atteindre des accélérations

prohibitives consiste à étirer la prise de vitesse le long d'une trajectoire de plusieurs centaines de kilomètres, ce qui conduit tout naturellement à la notion de fusée. Cette solution était déjà très claire pour les précurseurs du début du XXe siècle. Les bases théoriques de la conquête de l'espace par les fusées sont clairement exprimées par Tsiolkovskii (1905) en Russie, par Bing (1911) en Belgique, Esnault-Pelterie (1912) en France, Goddard (1919) aux Etats-Unis et Oberth (1923) en Allemagne. Robert Goddard effectue les premiers travaux expérimentaux sur les fusées aux Etats-Unis, de 1920 à 1940. En Allemagne, le livre de Hermann Oberth provoque, en 1927, la fondation de la Verein für Raumschiffahrt (Société pour la Navigation Spatiale), qui a aussitôt un gros succès populaire encouragé par le film « Frau im Mond » (Une femme dans la Lune) du célèbre metteur en scène Fritz Lang (Ufa film 1929). Sa publicité fournit des subsides à la société d'amateurs allemands qui commence des essais sur les fusées, essais auxquels un jeune étudiant participe avec enthousiasme. Nous retrouvons cet étudiant, devenu le Dr. von Braun, à la tête de vingt mille techniciens en 1942, réalisant à Peenemünde la fusée de guerre V2, qui servira notamment à bombarder Londres, Anvers et Liège en 1944-45.

A l'issue de la Seconde Guerre mondiale, une compétition s'établit entre les Etats-Unis et l'URSS, qui réalisent simultanément l'importance militaire des nouvelles fusées et la signification politique de la course à l'espace. L'Allemand von Braun a opté pour les Etats-Unis et s'installe d'abord à White Sands, New Mexico, avec une cinquantaine de ses anciens collaborateurs qui ont émigré avec lui. Sur le terrain d'essai de White Sands, on teste le fonctionnement des premières fusées américaines et on les compare aux dernières V2 qui arrivent d'Allemagne en pièces détachées. Mais les Soviétiques ne restent pas inactifs. Le livre de Tsiolkovskii a été réimprimé et éveille un sentiment de fierté nationale ; le système de gouvernement est favorable à un planning à longue échéance, qui consacre des crédits suffisants à l'espace. Le premier satellite artificiel sera le « Spoutnik » soviétique, lancé le 4 octobre 1957.

A cette époque les Etats-Unis manquaient déjà d'une politique cohérente pour l'espace. L'Armée et la Navy sont en compétition. L'Armée, qui bénéficie de l'expérience de von Braun, possède déjà les meilleures fusées, mais c'est à la Navy qu'est confiée la tâche de construire et de lancer le premier satellite artificiel américain. Le 6 décembre 1957, la Vangard TV 3 de la Navy s'écroule au sol deux secondes après sa mise à feu. La fierté américaine est blessée; l'Armée est chargée du projet et place enfin Explorer 1 sur orbite le 31 janvier 1958; son compteur Geiger détecte l'existence d'une ceinture d'ions et d'électrons entourant la Terre.

Dans l'hiver 1959, deux engins ont atteint pour la première fois la vitesse de libération (11 km/s). Ce sont Luna 1 (URSS), le 2 janvier, et Pioneer 4, le 3 mars. Pioneer 4 est le premier lancer vraiment réussi par la NASA, la nouvelle agence américaine qui vient d'être créée dans le but de conduire à une politique cohérente pour l'exploration de l'espace sur une base non militaire. Plus tard, viendront les premiers hommes placés en orbite autour de la Terre : Gagarine (URSS) en 1961 et Glenn (USA) en 1962. La conquête de l'espace a commencé; elle a continué sans désemparer depuis trente ans.

Les « grandes premières » de l'exploration du système solaire qui ont jalonné ces trente dernières années sont résumées dans la Table I. Quand on établit une telle liste, il y a toujours une certaine part d'arbitraire, et il faut bien se limiter. Pensons en effet qu'il y a eu jusqu'à présent 3 600 satellites utiles de tout genre en orbite autour de la Terre, sans parler de l'ennuyeuse pollution spatiale représentée par 13 700 débris.

Il faut y ajouter plusieurs dizaines de sondes spatiales en action en différents points du système solaire, dont quatre sondes spatiales américaines qui ont atteint la vitesse de libération de l'attraction du

Soleil, et s'échappent en ce moment vers l'espace interstellaire.

Vingt-quatre pays participent actuellement à des degrés divers à des activités spatiales ; certains n'y voient que les aspects commerciaux comme les télécommunications ; d'autres ont rejoint les deux grandes puissances dans l'exploration spatiale. Au début de 1988, l'URSS est en tête avec 1 016 satellites en orbite, les Etats-Unis en ont 526, Intelsat 35, le Japon 33, l'Agence Spatiale Européenne et la France en ont 15 chacune, la Grande-Bretagne 9, les Indes 7, l'Allemagne 6 et la Chine 4. En incluant les autres pays, un total de 1 702 satellites sont toujours en orbite à ce moment.

2. L'homme dans l'espace depuis trente ans

Les astronautes américains ont effectué, en vol suborbital puis en orbite autour de la Terre, six missions dans la capsule Mercury (un seul occupant, 1961-63) et ensuite neuf missions dans la capsule Gemini (deux occupants, 1965-67). Il y a eu ensuite les seize missions Apollo (trois occupants, 1968-75). Ces dernières missions ont progressivement quitté l'orbite terrestre et ont d'abord tourné autour de la Lune avant de culminer par six alunissages (on dit souvent maintenant un atterrissage sur la Lune, car le langage change et de toute façon nous manquons de mots spécifiques pour atterrir sur les autres planètes). A chaque alunissage, deux astronautes débarquaient et se déplaçaient pendant plusieurs heures à la surface de la Lune. Les trois dernières missions (Apollo 15, 16 et 17) possédaient un véhicule automobile léger qui a permis aux astronautes de faire chaque fois une excursion d'environ 30 kilomètres sur la surface lunaire, au cours d'un séjour qui a atteint et dépassé une vingtaine d'heures.

A la suite de Yuri Gagarine, les cosmonautes soviétiques ont d'abord fait un total de huit missions en orbite terrestre avec leur première capsule spatiale

(1961-65) avant de lancer les missions Soyouz, dont la première et la septième se sont terminées tragiquement, et dont le nombre total s'élève à cinquante et une, fin 1987. Ils ont aussi étudié systématiquement la possibilité de survie dans l'espace en l'absence de pesanteur, successivement dans sept stations spatiales en orbite autour de la Terre, en y prolongeant progressivement le temps de séjour des cosmonautes, jusqu'à une durée continue de plus de dix mois. L'absence de pesanteur provoque des phénomènes vasculaires et aussi la décalcification rapide des os. Pour diminuer l'ampleur de ces phénomènes, les Soviétiques utilisent une combinaison élastique qui comprime les veines et exige des efforts musculaires pour effectuer chaque mouvement. Ils estiment que cette combinaison est suffisante à condition de la porter au moins seize heures par jour et d'y ajouter, au moins une heure par jour, un entraînement physique intensif des bras et des jambes.

En trente ans, les cosmonautes soviétiques ont effectué soixante-six vols spatiaux, tandis que les astronautes américains en ont effectué cinquante-trois. Le total représente plus de cinquante mille heures de vol en l'absence de pesanteur, dont la plus grande part provient des cosmonautes soviétiques. Pourtant ces derniers n'ont jamais quitté une orbite de faible altitude au-dessus de la Terre. Les Soviétiques ont adopté une politique peu imaginative de construction en série de fusées simples et sûres, sans tenter d'améliorer chaque fois, une technique qui marchait bien. En 1987, ils ont pour la première fois testé leur « nouvelle fusée Energia », énorme engin capable de soulever une charge utile de cent tonnes, avec dix-neuf ans de retard sur la fusée américaine Saturne 5 de performance équivalente. Une différence majeure provient du fait qu'Energia est récupérable par parachute, ce qui diminue le prix du lancement (la fusée Saturne 5 a été le cheval de bataille qui a emmené les astronautes américains dans la Lune).

Ainsi les douze astronautes américains qui ont marché sur la Lune de 1969 à 1975 restent les seuls êtres humains qui aient jamais abordé un autre corps céleste, et ils le resteront sans doute encore pour un certain temps.

Les Etats-Unis sont aussi les seuls à avoir réalisé (en quatre exemplaires) une navette spatiale, premier avion capable de revenir de l'espace, en atterrissant sur une piste standard. Toutefois les négociations de la NASA avec le Pentagone ont finalement abouti à la construction d'un engin anormalement cher, qui a englouti la totalité des crédits disponibles pendant plus de dix ans. Ceci a conduit à la suspension du programme Apollo : les dernières grandes fusées ont été mises dans les musées au lieu d'être utilisées. Le manque de crédits supplémentaires a aussi amené un arrêt presque complet dans l'exploration par engins automatiques du système solaire, après le lancement en 1977 des deux grandes missions « Voyager » vers les planètes géantes. La politique spatiale américaine a indiscutablement manqué de la persévérance et de la constance soviétiques.

La navette spatiale Challenger explosa en janvier 1986 après soixante-treize secondes de vol. Aussi tragique que soit cette catastrophe, à la lumière de l'histoire, elle ne remettra pas en cause la conquête de l'espace, pas plus que les quatre cosmonautes soviétiques tués respectivement en 1967 et 1971 au cours de deux retours dans l'atmosphère, après des vols réussis. L'absence totale de lanceurs américains disponibles après la catastrophe a encore retardé le programme américain d'exploration spatiale, qui manque d'une politique bien définie à longue échéance.

3. *Les engins spatiaux automatiques*

La plus grande révélation de la dernière trentaine d'années semble bien résider dans tout ce que les engins spatiaux peuvent faire sans requérir de présence humaine. Les deux grandes puissances de l'espace l'ont vite réalisé, puisqu'elles ont chacune lancé des milliers d'engins spatiaux automatiques.

Nous ne mentionnerons que pour mémoire les applications pacifiques et militaires qui ne concernent pas l'astronomie (satellites de télécommunications en orbite géostationnaire, satellites SATNAV pour faire le point en mer, satellites météorologiques ou géophysiques, satellites d'espionnage en lumière visible ou utilisant les ondes millimétriques).

Le nombre total de lancers soviétiques a dépassé largement celui des lancers américains, mais ces derniers ont mieux exploité la miniaturisation de l'électronique. Ils ont très vite mis en œuvre des techniques avancées de télévision avec des détecteurs électroniques CCD, tandis que les Soviétiques ont longtemps conservé la plaque photographique qu'il fallait développer chimiquement avant ou après son retour sur Terre.

La miniaturisation de l'électronique va de pair avec les télécommunications à très longue distance, ce qui a permis à la NASA d'explorer les planètes géantes et leurs satellites. De ce fait, ce sont quatre sondes américaines qui sont les seules à être jamais sorties de la zone des planètes terrestres. Ce sont aussi les seules qui sont en train de s'échapper pour toujours du système solaire.

Les astronomes ont tiré parti de la conquête de l'espace en utilisant deux techniques bien différentes. D'une part, avec des instruments en orbite autour de la Terre, ils ont pu détecter des radiations qui ne peuvent pas pénétrer dans l'atmosphère, qui leur est opaque. D'autre part, ils ont pu envoyer des sondes spatiales dans la totalité du système solaire, pour aller voir et étudier de près ce que nos meilleurs télescopes ne peuvent pas nous révéler de loin.

Parlons d'abord des satellites astronomiques.

a) Les satellites astronomiques

L'atmosphère de la Terre est opaque à la plupart des longueurs d'onde des ondes électromagnétiques, parmi lesquelles la lumière visible n'est qu'un cas particulier. Il y a pourtant deux « fenêtres » de

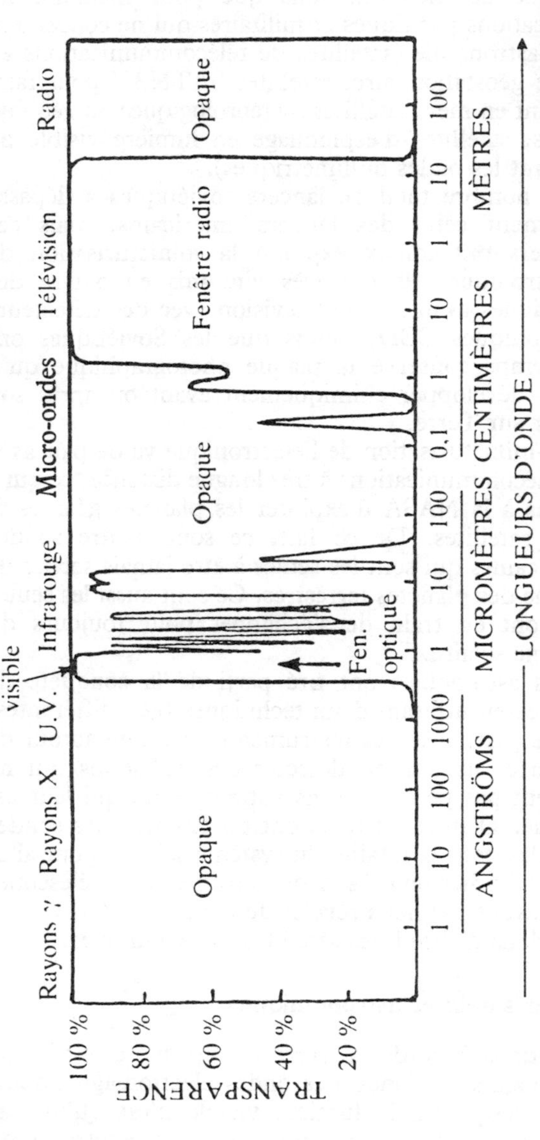

La transparence de l'atmosphère est donnée en fonction de la longueur d'onde de toutes les ondes électromagnétiques (10 000 Angströms = 1 micromètre, 1 000 micromètres = 1 millimètre).

transparence. La première de ces fenêtres est centrée sur la lumière visible, elle va un peu plus dans l'ultraviolet, et un peu plus dans l'infrarouge. Très transparent de 0,3 à 1,0 micromètre, elle possède encore une certaine transparence par endroits entre 1,0 et 10 micromètres. La seconde de ces deux fenêtres s'étend des micro-ondes de quelques millimètres, jusqu'aux ondes radio de 20 mètres, en passant par les longueurs d'ondes utilisées par les radars et la télévision. C'est cette seconde fenêtre de transparence qui a permis de faire de la radioastronomie sans quitter l'atmosphère terrestre.

Les régions pour lesquelles l'atmosphère est opaque s'étendent donc des ondes les plus courtes (rayons gamma et rayons X) jusqu'aux ondes radio les plus longues (de 20 mètres à quelques kilomètres de longueur d'onde) et comprennent bien entendu une grosse partie de l'ultraviolet (avant la « fenêtre » de la lumière visible) et de l'infrarouge (entre les deux « fenêtres » de transparence).

Le 26 janvier 1978, l'International Ultraviolet Explorer (IUE) a été placé en orbite quasi géostationnaire par la NASA. Il s'agit d'un télescope Cassegrain de 45 centimètres d'ouverture et de 675 centimètres de focale, équipé d'un spectrographe ultraviolet allant de 0,11 jusqu'à 0,32 micromètres (c'est-à-dire 1 100 à 3 200 Å, voir tableau ci-contre) jusqu'à la limite où l'atmosphère redevient transparente en ultraviolet. Depuis lors, ce télescope a été utilisé sans discontinuer, seize heures par jour par les astronomes américains dont la station de contrôle se trouve près de Washington, D.C., et huit heures par jour par les astronomes européens dont la station de contrôle se trouve près de Madrid.

Un des gros avantages d'un tel télescope orbital est évidemment que non seulement il n'y a jamais de nuages, mais que dans l'espace le ciel reste noir vingt-quatre heures sur vingt-quatre. La seule précaution à prendre est de ne pas pointer le télescope trop près de la direction du Soleil. La durée de vie de l'IUE a dépassé les espoirs les plus optimistes. Depuis quelques années, trois de ses six gyroscopes sont tombés en panne, mais l'ingéniosité des utilisateurs a su tourner la difficulté. En orbite géostationnaire, il est bien entendu situé trop loin pour qu'on puisse jamais aller le dépanner avec la navette spatiale.

De 1977 à 1979, trois énormes satellites appelés collectivement les High Energy Astrophysical Observatories (HEAO) ont emporté chacun un ensemble de détecteurs de rayons X et de rayons gamma. En établissant une carte préliminaire du ciel à ces longueurs d'ondes, ils ont découvert l'existence de *milliers* de sources de rayons X et de rayons gamma, galactiques et extragalactiques.

Le 25 janvier 1983, l'Infra-Red Astronomical Satellite (IRAS) a été lancé à 900 kilomètres d'altitude le long d'une orbite circulaire passant par les deux pôles de la Terre. Il comportait un télescope de 57 centimètres d'ouverture et examinait le ciel dans ce qu'on appelle l'infrarouge lointain, de 12 à 100 micromètres (ou si l'on préfère de 0,012 à 0,1 millimètre de longueur d'onde). Comme sa grande sensibilité dépendait d'un refroidissement considérable du détecteur au moyen d'hélium liquide, il a fonctionné jusqu'à l'épuisement de sa réserve d'hélium, réalisant pour la première fois une carte complète du ciel contenant des milliers de sources d'infrarouge lointain, dont nous aurons l'occasion de reparler plus loin.

Il faut enfin mentionner le télescope spatial (Hubble Space Telescope ou HST) qui aurait été lancé en 1986 si la catastrophe de la Navette Spatiale ne s'était pas produite. En attendant la disponibilité d'un vol de la Navette, il a été conservé à grands frais dans un entrepôt spécial complètement dépoussiéré, plus propre qu'une salle de chirurgie. D'une ouverture de 240 centimètres, ses tests optiques promettent des performances splendides. Sa résolution atteint 0,02 seconde d'arc, c'est-à-dire cinquante fois mieux que la plupart des grands télescopes terrestres. D'autre part, le ciel est si noir dans l'espace que le HST pourra distinguer des objets cinquante fois moins lumineux que le télescope du Mont Palomar. Des programmes impensables il y a quelques années vont devenir possibles, comme la recherche de planètes autour d'étoiles voisines du système solaire. Si son lancement réussit, cet instrument dominera l'astronomie de la fin du siècle[1].

b) Les sondes spatiales dans le système solaire

La Lune

La Lune a vu le plus grand nombre de sondes spatiales : trente-six de 1959 à 1976. Les Soviétiques y ont envoyé la série des douze Luna et des cinq Zond ; les Américains, les trois Ranger, cinq Lunar Orbiter, et cinq Surveyor auxquels il faut ajouter les six Apollo qui ont aluni.

Les premières photos de l'envers de la Lune, prises par Luna 3 (URSS) étaient floues et indistinctes. Les Ranger 7, 8 et 9 obtiennent d'abord des photos exceptionnellement détaillées de la face de la Lune visible de la Terre; avant leur impact sur le sol lunaire, ils atteignent une résolution d'environ un mètre (1966). Ensuite les Lunar Orbiter, en orbite circulaire autour de la Lune, permettent d'en établir une carte détaillée, endroit comme envers, avec un total d'environ 1 400 photos de très haute qualité. Les Surveyor alunissent doucement et donnent les premières analyses du sol lunaire. Cinq des Luna (17, 20, 21, 23 et 24) alunissent. Luna 20 ramène 30 grammes de sol lunaire. Luna 24 fore une carotte de 160 centimètres dans le sol lunaire et la ramène en URSS. Les astronautes des six Apollo qui ont aluni rapportent un total de près de 400 kilogrammes de rochers, cailloux et sable lunaires. Personne n'est retourné sur la Lune depuis 1976.

Mercure

Jusqu'à présent, Mercure n'a été visitée que par une seule sonde spatiale, Mariner 10 de la NASA, mais la moisson photographique a été extraordinairement

1. Lancement réussi en 1990.

fructueuse, car de la Terre nos télescopes ne révélaient pratiquement rien de la surface. La surprise fut grande de découvrir un monde couvert de cratères, de prime abord en tout point semblable à la Lune, et qui de plus avait un champ magnétique. Lancé le 3 novembre 1973, Mariner 10 approchait de Vénus le 5 février 1974 et utilisait un survol rapproché de cette planète pour infléchir son orbite dans la direction de Mercure, qu'il atteignait le 29 mars 1974, passant seulement à 700 kilomètres du sol. On s'arrangeait alors pour que la période de l'orbite de Mariner 10 autour du Soleil soit de 176 jours, c'est-à-dire exactement deux fois celle de Mercure. Au tour suivant, Mariner retrouvait donc Mercure à la même place de son orbite le 21 septembre 1974, et après un second tour, encore une fois à une distance plus favorable, passant seulement à 327 kilomètres du sol et fournissant des photos montrant une résolution inégalée de 200 mètres, toujours cependant du même hémisphère.

Vénus

De 1962 à 1986, vingt sondes spatiales sont allées vers Vénus, quinze soviétiques et cinq américaines. Les trois Mariner (2, 5 et 10) de la NASA se sont contentés de survols rapprochés ; les deux Pioneer-Venus de la NASA sont arrivés presque ensemble les 4 et 9 décembre 1978 ; mais tandis que le premier était placé sur une orbite fortement elliptique autour de la planète (se rapprochant à moins de 200 km du sol et s'en éloignant à 66 000 km), le second libérait des modules d'atterrissage dont deux allaient dans l'hémisphère éclairé et deux dans l'hémisphère obscur de la planète. La sonde en orbite établissait une première carte du relief de Vénus au radar au travers de l'opaque couverture nuageuse.

Les Soviétiques ont été particulièrement persévérants au sujet de Vénus, car ils y ont envoyé jusqu'à présent un total de quinze missions en presque vingt ans : les treize Venera et les deux Vega (sans parler des deux premiers Venera qui n'ont pas renvoyé de signaux par suite d'une panne de leur équipement). Venera 3 (mars 1966) a pénétré dans l'atmosphère de Vénus, mais y est tombé tout de suite en panne. Venera 4 est entré dans l'atmosphère de Vénus le 18 octobre 1967, a ouvert son parachute et a transmis des informations sur la pression, la température et la composition chimique de l'atmosphère pendant 98 minutes. Le contact a été perdu lorsque l'engin était encore à une altitude de 25 kilomètres.

De même, Venera 4, Venera 5 et 6 (1969) s'arrêtèrent de fonctionner avant d'avoir atteint le sol de la planète. Convaincus que les parachutes étaient détruits par la grande chaleur des couches basses de l'atmosphère, les Soviétiques les modifièrent en utilisant un tissage à base d'amiante. Venera 7 atteignait le sol de la planète et y survivait pendant 23 minutes, le 15 décembre 1970. Venera 8 atteignait le sol de Vénus le 22 juillet 1972. Le sol était à une température de 750 K (477 °C), la pression atmosphérique de 93 atmosphères et l'atmosphère contenait 97 % de CO_2. De plus, les nuages vers 30 kilomètres d'altitude étaient formés de gouttelettes d'acide sulfurique concentré. On comprenait enfin pourquoi les premiers parachutes n'avaient pas résisté ! La série des atterrissages soviétiques continuait avec Venera 10 (1974) et Venera 11 et 12 (1978) pour se terminer par les images du sol vénusien retransmises par Venera 13 et 14 (1982).

Le but des deux Venera 15 et 16 (1983) était différent : placés sur orbite autour de Vénus, ils complétaient le travail de Pioneer-Venus en établissant une carte topographique détaillée de la surface et du relief de Vénus, grâce aux ondes radar traversant les nuages. Enfin, les deux Vega étaient des Venera modifiés pour tenir compte de la présence providentielle de la comète de Halley, pas loin de Vénus et au bon moment. Les deux Vega se déchargèrent de leurs ballons-sondes pour étudier les vents de la haute atmosphère de Vénus, avant de continuer leur orbite vers l'intérieur de la coma de la comète de Halley (1985-1986).

Mars

Il y a eu seulement huit missions réussies vers la planète Mars, dont six américaines et deux soviétiques. La série des quatre Mariner (4, 6, 7 et 9) de la NASA a renvoyé de nombreuses images du sol de la planète, rompant une fois pour toutes l'illusion des canaux et montrant au contraire une multitude de cratères inattendus (1965-71). Par exemple, Mariner 9 en novembre 1971 a renvoyé 6 900 images de Mars, ainsi que des mesures en ultraviolet et en infrarouge, fournissant pour la première fois la possibilité d'une carte détaillée de la planète. Les Soviétiques mettaient Mars 5 en orbite en février 1974, et Mars 6 effectuait le premier atterrissage en mars 1974, transmettant des données sur l'atmosphère, mais pas d'image.

La réalisation la plus ambitieuse qui ait été réussie sur Mars est indiscutablement celle des deux Viking de la NASA, dont les modules d'aterrissage se sont posés sur Mars respectivement le 20 juillet et le 3 septembre 1976, pendant que les engins spatiaux restaient en permanence en orbite autour de la planète rouge. Les caméras ont fourni pour la première fois deux vues panoramiques très détaillées des deux sites d'atterrissage et les laboratoires automatiques se sont mis en action pour détecter s'il y avait des traces de vie élémentaire sur la surface de Mars. Finalement, un des engins en orbite passait suffisamment près des deux satellites de Mars pour renvoyer des images détaillées de Phobos et Deimos.

Vers les planètes géantes

Nous en arrivons maintenant à l'exploration de l'extérieur du système solaire, qui a été effectuée seulement par quatre sondes américaines, les deux Pioneer et les deux Voyager. Pioneer 10, lancé le 2 mars 1972 vers Jupiter, est le premier engin spatial qui ait atteint la vitesse de libération du système solaire et qui soit parti vers les étoiles. Son frère jumeau Pioneer 11, lancé le 5 avril 1973, prenait le même chemin avec treize mois de retard. Puisqu'ils partent vers les étoiles, les Pioneer portent chacun une plaque commémorative symbolique, transmettant le salut de l'espèce humaine à une intelligence extraterrestre hypothétique.

Pioneer 10 atteignait Jupiter le 3 décembre 1973 et Pioneer 11 le 2 décembre 1974, après respectivement vingt et un et vingt mois de voyage. Mais tandis que Pioneer 10 continuait alors un voyage sans but vers l'extérieur du système solaire et vers les étoiles, Pioneer 11 était envoyé suffisamment près de Jupiter pour être catapulté par son attraction dans une nouvelle direction. Il retraversait le système solaire pour finalement atteindre Saturne après un nouveau voyage d'environ 2 milliards de kilomètres. Pioneer 11 passait le 1er septembre 1979 à moins de trois rayons planétaires mesurés du centre de Saturne. A son tour, il continuait alors son voyage vers les étoiles. Les deux Pioneer ont fourni les premières images détaillées de Jupiter et de Saturne, ainsi que des mesures relatives à leurs conditions physiques, mais rien d'essentiel sur leurs satellites.

Les deux sondes spatiales Voyager ont effectué des missions encore beaucoup plus ambitieuses. Le 20 août 1977, Voyager 2 partait le premier ; Voyager 1 partait une quinzaine de jours plus tard, le 5 septembre 1977. Les lanceurs étaient des fusées Titan/Centaure de 700 tonnes et hautes de 50 mètres. C'étaient les fusées les plus grandes de l'arsenal de la NASA, depuis que les grandes fusées Saturne, qui avaient servi à emmener les astronautes dans la Lune, avaient été mises prématurément à la retraite en 1975. A titre de comparaison, le lanceur européen Ariane est une fusée de 200 tonnes capable de mettre un satellite de 2 tonnes sur une orbite géostationnaire.

Les Voyager étaient des sondes spatiales d'environ 2 tonnes, mais qu'il fallait lancer à une vitesse beaucoup plus grande.

Les deux Voyager arrivèrent à Jupiter respectivement le 5 mars et le 9 juillet 1979, après dix-huit mois et demi et vingt-deux mois de voyage ; utilisant l'attraction de cette planète, les deux engins spatiaux furent catapultés vers Saturne. Voyager 1 fut envoyé plus près de Jupiter de sorte qu'il recevait une impulsion plus grande et atteignait Saturne avec neuf mois d'avance le 13 novembre 1980, tandis que Voyager 2 y arrivait seulement le 27 août 1981. Seul des deux engins, Voyager 2 pouvait alors être catapulté par la gravitation de Saturne dans la direction d'Uranus, qu'il atteignait le 30 janvier 1986, après un voyage total de 9 ans et 4 mois au travers du système solaire (avec des vitesses comparables, il ne faut que trois jours pour aller de la Terre à la Lune).

A son tour, Uranus a été utilisé pour catapulter Voyager 2 vers Neptune, et nous espérons que nous en verrons les images en août 1989, si tout continue à bien marcher à bord [1]. Finalement, les deux Voyager — comme les deux Pioneer — continueront à s'éloigner du système solaire et, quoiqu'ils n'auront plus aucun programme ni aucun but précis, ils atteindront dans deux ou trois cent mille ans les distances des étoiles les plus proches. Un voyage d'une aussi longue durée nous fait apprécier une fois de plus l'immensité de l'espace et mesurer ainsi une des difficultés les plus sérieuses des voyages interstellaires.

Les Pioneer étaient stabilisés dans l'espace par la rotation rapide de l'engin tout entier. Par contre, les deux Voyager avaient des plates-formes mobiles qui stabilisaient leurs instruments principaux. C'est ce qui a permis les multiples photos non seulement de Jupiter et de Saturne, mais aussi d'un grand nombre de leurs satellites. On s'attendait à des mondes plus ou moins identiques, un peu comme notre Lune ; on a eu la surprise de découvrir une série de mondes très différents. Par exemple, sur Io, huit volcans étaient en activité. Leurs laves sulfureuses recouvraient toute la surface du satellite de couleurs jaunes, rouges et brunes, dues aux variétés allotropiques multicolores du soufre. Europe montrait de multiples crevasses en

1. En août 1988, le disque bleu de Neptune est déjà bien visible au moyen de la caméra de Voyager 2.

zigzag dans sa banquise de glace. Sur Ganymède, deux types de terrains différents, l'un avec des cratères, l'autre avec des rainures parallèles. Sur Callisto, d'énormes bassins d'impact, entourés d'anneaux concentriques à moitié effacés par les déformations de la croûte glacée. Le tout petit satellite Amalthée était de forme elliptique. Enfin, Jupiter avait aussi un anneau comme Saturne, quoique trop étroit pour être aperçu de la Terre.

Quant à Titan, le plus grand satellite de Saturne, qui a la particularité d'être le seul satellite du système solaire possédant une atmosphère épaisse, il nous a conduit à une déception et a soulevé des problèmes nouveaux. Pour pouvoir passer le plus près possible de Titan, Voyager 1 avait abandonné la possibilité d'être catapulté par Saturne vers Uranus. Et voilà que toutes les images de Titan nous révélaient une surface uniforme sans aucun détail, car le sol était perpétuellement caché par un brouillard permanent. Exception : une calotte polaire plus noire, formée de suie flottant dans la haute atmosphère. Même déception pour le disque bleu d'Uranus, qui ne montre aucune bande nuageuse comme celles de Jupiter et de Saturne et pratiquement aucun détail fin. Mais surprise majeure pour Miranda, un des grands satellites d'Uranus, dont le globe montre des failles gigantesques qui en coupent le disque de part en part, suggérant une collision géante qui a produit des processus tectoniques internes.

Les comètes

Plus récemment, deux comètes ont été traversées par des sondes spatiales. Tout d'abord, une ancienne sonde spatiale, dont le programme d'étude du vent solaire était terminé, a été rebaptisée International Cometary Explorer (ICE) par la NASA. Par un tour de force de mécanique céleste, avec les faibles réserves qui lui restaient, elle a été envoyée sur plusieurs orbites de plus en plus allongées autour de la Lune, utilisant plusieurs fois l'effet de catapulte de l'attraction lunaire. Elle a été finalement envoyée vers la comète Giacobini-Zinner, dont elle a traversé la queue, près du noyau, le 11 septembre 1985. Elle en a étudié les ions, le champ magnétique et l'interaction avec le vent solaire.

Finalement, en mars 1986, une flottille de cinq sondes spatiales, deux japonaises (Sagikate et Suisei), deux soviétiques (Vega 1 et Vega 2) et une européenne (Giotto), a été lancée vers la comète de Halley ; les nombreuses expériences ont en général été couronnées de succès. En particulier, nous savons maintenant que les deux tiers du carbone présent dans les comètes se trouvent dans leur poussière sous forme de molécules organiques. Tous les éléments légers, sauf l'hydrogène et l'hélium, sont dans des proportions cosmiques, ce qui implique que les comètes sont des objets très primitifs, qui sans doute ont existé avant les planètes. La sonde européenne Giotto passait le plus près du noyau cométaire (à 600 km) et en prenait les meilleures images. C'est un objet oblong de 8 × 15 kilomètres, couvert d'une croûte noire irrégulière, dont les zones actives émettaient du gaz et des poussières.

4. *L'avenir immédiat*

« La décennie en or » de l'exploration préliminaire du système solaire est derrière nous. De 1966 à 1976, non seulement les astronautes ont marché sur la Lune, mais nous avons procédé à l'exploration préliminaire de Mercure, de Vénus et de Mars, et nous avons lancé quatre sondes automatiques vers les planètes géantes et leurs satellites. Dans la décennie qui a suivi, nous avons récolté les fruits de ces sondes automatiques par suite de la très longue durée de leur voyage, mais la NASA n'a plus lancé de mission spectaculaire parce que la totalité des ressources financières a été consacrée à la Navette Spatiale.

La construction d'une quatrième navette, après la catastrophe de Challenger, a accentué les problèmes financiers des autres programmes de la NASA, sans parler de l'absence de lanceurs indépendants de la Navette. Ainsi, le « Hubble Space Telescope » HST connaît des retards considérables de mise en orbite, de même que les missions approuvées mais qui attendent un lanceur, comme Galileo (vers Jupiter) ou Ulysse (vers le Soleil). A titre d'exemple, bornons-nous à considérer le cas de Galileo. Il s'agit d'une sonde spatiale qui doit se placer en orbite autour de Jupiter et libérer un module appelé à descendre au travers de l'atmosphère de cette planète géante.

Galileo est construit et est prêt au lancement. Il a été conçu pour être placé dans la Navette Spatiale. On aurait pu croire qu'il suffisait maintenant d'attendre une disponibilité dans le programme de lancement des Navettes, qui recommence en 1988. Mais on a changé d'avis : après la catastrophe de Challenger, la NASA décide qu'il est trop dangereux d'installer Galileo avec sa fusée Centaure dans la baie de la Navette. Les lanceurs Saturne, qui ont emmené les astronautes dans la Lune, n'existent plus, de sorte que Centaure semble bien être la seule fusée disponible, au départ de la Navette, pour propulser Galileo jusqu'à Jupiter.

Le cas semble désespéré : faut-il renoncer à utiliser Galileo ? Au Jet Propulsion Laboratory, les experts en mécanique céleste calculent une nouvelle trajectoire qui permet d'utiliser une fusée moins puissante et moins dangereuse. Galileo partira d'abord vers Vénus en octobre 1989. Il y arrivera en février 1990 et utilisera l'attraction de Vénus pour être accéléré et renvoyé vers la Terre. A son tour, l'attraction de la Terre l'accélérera en décembre 1990 et l'enverra dans la ceinture d'astéroïdes. De là-bas, une légère propulsion le ramènera vers la Terre en décembre 1992. Une nouvelle accélération « gratuite » due à la Terre l'enverra finalement vers son rendez-vous avec Jupiter à la fin de 1995. Cette habileté, qui consiste en quelque sorte à « jouer au billard » avec les planètes et les sondes spatiales, risque de devenir de plus en plus la règle pour les missions difficiles du futur.

Le Mars Observer, une mission qui doit être mise en orbite autour de la planète Mars, initialement prévue pour un lancer en 1990, risque d'être retardée. La mission CRAF (Comet Rendez-vous and Asteroid Flyby), qui devait être lancée en février 1993, a reçu deux ans de subsides pour garder les options ouvertes. La mission Magellan, qui veut refaire une carte radar beaucoup plus détaillée de la topographie de Vénus, la mission Lunar Polar Orbiter, et Cassini, avec la sonde spatiale vers Titan, toutes ces missions sont en grand péril d'être retardées plus ou moins indéfiniment.

Dans le passé, chaque sonde spatiale était une pièce unique spécifiquement adaptée à la mission considérée, et tout au plus construite en deux exemplaires — parfois une troisième copie pour le musée. Pour des raisons d'économie, Jet Propulsion Laboratory vient de passer à une sonde spatiale modulaire, dont tous les éléments sont interchangeables et qui s'assemble comme un Meccano pour s'adapter à des missions multiples. Cette sonde s'appelle le « Mariner Mark II ». La première mission qui l'utilisera sera la mission CRAF, qui doit survoler un astéroïde avant de rejoindre une comète à courte période près de son aphélie. La sonde restera à quelques kilomètres du noyau cométaire pendant trois ans, et enverra un pénétrateur dans le noyau.

On discute à présent quelles sont les priorités spatiales des Etats-Unis pour la fin du siècle. Faut-il construire une ambitieuse Station Spatiale ? Ou faut-il d'abord penser à : 1) explorer le système solaire ; 2) se tourner vers l'étude globale de la Terre ; 3) construire une base habitée sur la Lune ou 4) envoyer des astronautes sur Mars ? On hésite.

L'Europe Spatiale n'échappe pas à ce genre de problème. L'exploration de la comète de Halley avec Giotto a été jusqu'à présent son plus beau fleuron, car l'Europe a rejoint assez tard la recherche spatiale. Avec ses treize membres qui ne veulent rien céder de leurs droits souverains, l'Agence Spatiale Européenne a de nombreuses difficultés pour établir une politique de l'Espace à longue échéance, car son budget est insuffisant pour financer simultanément tous les projets proposés, notamment pour une nouvelle fusée

Ariane plus puissante, une « mininavette » Hermès, une famille de modules Colombus pour la station spatiale, etc.

En juillet 1988, les Soviétiques ont envoyé deux sondes spatiales vers la planète Mars ; au printemps 89, ils espèrent les diriger dans le voisinage immédiat de Phobos. D'une distance de 50 mètres, ils comptent photographier Phobos avec une résolution de 7 centimètres. Un laser infrarouge vaporisera des endroits du sol de Phobos et la vapeur sera analysée par spectrométrie de masse. Chaque sonde libérera deux modules d'atterrissage. Le plus gros s'attachera à la surface pour y rester au moins un an. Le plus petit, ressemblant à un ballon de plage, rebondira de nombreuses fois, profitant de la faible gravitation, pour faire des analyses à de nombreux endroits. Finalement, les sondes principales quitteront Phobos et se mettront en orbite autour de Mars pour y faire des observations pendant cent soixante jours. Ici encore, une large coopération internationale a été organisée, avec des collaborateurs français, allemands, finlandais, hongrois, anglais, américains, etc. [1].

Cette mission est la première d'une série de missions de plus en plus ambitieuses, qui comptent bien rapporter un échantillon du sol de Mars en URSS avant la fin du siècle. Contrairement à la NASA et, faut-il le dire, à l'Europe Spatiale, les Soviétiques donnent l'impression qu'ils ont une politique de l'espace bien définie, qu'on ne remet pas en question constamment. Ils commencent pourtant à sentir le poids des problèmes financiers, car ils se tournent de plus en plus vers une collaboration internationale.

On sait combien les deux missions Vega vers la comète de Halley ont été bien menées, mais elles ont déjà impliqué une collaboration internationale considérable, avec l'aide de la France, de la Hongrie, de l'Autriche, de la Pologne, de l'Allemagne, de la

1. A la suite d'une fausse manœuvre, le contact semble avoir été définitivement perdu avec une des deux sondes soviétiques en août 1988.

Tchécoslovaquie et même des Etats-Unis, qui avaient une expérience complète à bord — sans parler de collaborateurs recrutés dans une quinzaine de pays. Plus récemment, un nouveau traité de coopération spatiale vient d'être signé entre les gouvernements des Etats-Unis et l'URSS, au printemps 1987.

On peut résumer la situation en disant que la NASA paie à présent le prix d'une réussite trop rapide et trop spectaculaire. Les Américains sont les seuls à avoir marché sur la Lune et ils ont indiscutablement dominé l'exploration du système solaire pendant plus de dix ans ; ils possèdent aussi le seul avion spatial capable de revenir de l'espace en atterrissant sur une piste standard. Pour continuer à cette allure, il faut accepter de payer la note, et dans les circonstances économiques actuelles, il semble qu'elle soit devenue trop élevée. Ceci implique des choix qui peuvent être douloureux.

Le budget spatial américain s'élevait en 1986 à 45 milliards de dollars. Le budget de l'ESA était seulement de 1,3 milliards de dollars dans la même période, auquel il convient d'ajouter la même somme dépensée dans les institutions nationales par les pays participants. L'Europe Spatiale a donc coûté 2,6 milliards de dollars en 1986. En comparaison, le Japon a dépensé 0,8 milliard de dollars pour l'Espace en 1986.

En espérant une collaboration internationale, on peut raisonnablement penser à des budgets spatiaux stables compris entre 0,5 % et 1 % du Produit National Brut des pays industrialisés. A titre de comparaison, les budgets des Etats dépassent 30 % du PNB, et les budgets d'armement vont de 7 % à 15 % du PNB chez les grandes puissances. Les optimistes espèrent que des accords de désarmement pourraient encourager les grandes puissances à dépenser moins pour les armes et plus pour l'espace.

5. *Le futur de l'astronautique*

En supposant la paix et la collaboration internationale assurées dans le domaine de l'espace, que pouvons-nous espérer au début du XXIᵉ siècle ? Il faut d'abord diminuer le prix de revient de l'accès à l'espace. A cet égard, la Navette américaine a été une grosse déception : le prix de revient de la tonne transportée allait tomber d'un facteur dix à cent (selon l'humeur et le degré d'enthousiasme des administrateurs). Nous savons maintenant que le transport coûte aussi cher dans la Navette que dans les grosses fusées. Mais nous comprenons pourquoi, de sorte qu'il est possible d'entrevoir des solutions.

Une solution possible est le Sänger, proposé par l'Allemagne. C'est un avion double. La partie supérieure ressemble à l'avion de la Navette Spatiale, tandis que la partie inférieure remplace les fusées de lancement par un second avion gros porteur supersonique qui utilise l'oxygène de l'air et n'a donc pas à emporter de comburant. L'avion gros porteur atteint dix fois la vitesse du son vers 35 kilomètres d'altitude et libère alors l'avion spatial. Ce dernier, comme la Navette, utilise des fusées pour quitter l'atmosphère.

Un tel « cheval de paille » pourrait diminuer considérablement le prix de la tonne transportée dans l'espace. Le budget de grandes stations spatiales, ou de l'assemblage en orbite de grands véhicules, comme pour une mission d'astronautes à la planète Mars, deviendrait presque raisonnable.

Plus tard, il ne semble faire aucun doute que c'est sur la planète Mars qu'il serait le plus facile d'installer une base habitée en permanence. La grande abondance de glace d'eau et l'anhydride carbonique de l'atmosphère constituent deux facteurs essentiels qui diminuent les difficultés à longue échéance. Il conviendrait d'installer d'abord de grandes serres où la pression atmosphérique pourrait être augmentée aisément et où des plantes terrestres se multiplieraient en produisant oxygène et nourriture.

L'exploitation minière d'astéroïdes et la construction de grandes bases spatiales qu'on peut habiter et installer de telle manière qu'elles finissent par être capables de se suffire à elles-mêmes sont une possibilité lointaine pour la fin du XXIe siècle. Les comètes, à courte période pourraient aussi fournir l'eau et l'anhydride carbonique aux futures grandes bases de l'espace. Gérard O'Neil de Princeton prévoit d'immenses colonies humaines dans l'espace, avec de l'ordre de 10 000 personnes à bord, et la possibilité de coloniser la ceinture d'astéroïdes dans les prochains siècles.

Nous dépendons toujours des fusées chimiques pour nous rendre dans l'espace. Nous continuerons sans doute à en dépendre encore très longtemps pour nous mettre en orbite autour de la Terre. Il existe pourtant un autre système de propulsion qui pourrait avoir un avenir spectaculaire : c'est la propulsion électrique. Ce type de propulsion a un rendement de loin supérieur aux fusées chimiques, mais son accélération est trop faible pour vaincre la pesanteur, de sorte que son utilisation est limitée aux missions qui partent d'une orbite terrestre.

C'est la chaleur de la combustion chimique qui fixe — et limite — la vitesse d'éjection des gaz de la fusée conventionnelle. Par contre, dans la propulsion électrique, le gaz est d'abord ionisé à froid, puis éjecté par un champ électrique appliqué entre deux grilles : une cathode et une anode. Il n'y a pratiquement pas de pertes thermiques et la vitesse d'éjection du gaz dépend seulement du champ électrique : elle peut facilement être cent fois plus grande que les vitesses réalisées par voie thermique.

La propulsion électrique, dont j'avais prédit les avantages pour les missions de longue durée dès 1952, a d'abord été testée en laboratoire au Jet Propulsion Laboratory à Pasadena, puis en orbite autour de la Terre pendant plusieurs années. Elle répond en tous points à notre attente et n'a pas encore été utilisée pour des missions de longue durée uniquement par manque de crédits. On utilise en principe n'importe quelle substance qu'on veut vaporiser et facilement ioniser. La consommation est si faible qu'au lieu des quelques minutes de combustion des fusées la propulsion peut continuer des années sans exiger des masses prohibitives. Dans ce cas, la source d'énergie électrique doit être une petite centrale nucléaire à très faible débit. Avec une accélération même très faible, mais qui est constante et qui dure des années, on peut atteindre des vitesses fantastiques, qui peuvent finir par ne pas être négligeables devant la vitesse *c* de la lumière.

Sans même penser aux vitesses relativistes, on peut se demander si la propulsion électrique nous rapproche de la possibilité des voyages *interstellaires*. La limite pratique de cette propulsion semble correspondre à deux siècles de voyage ($\bar{v} = 2$ % c) pour aller jusqu'à alpha du Centaure, et trois siècles ($\bar{v} = 3$ % c) pour atteindre Sirius. Pour les étoiles voisines, on reste limité à des vitesses moyennes de quelques pour cent de la vitesse de la lumière. Les vitesses moyennes plus grandes, possibles en théorie lorsqu'on va plus loin, apportent des problèmes nouveaux, à cause du danger des gerbes de rayons X induites par les collisions avec des atomes d'hydrogène, omniprésents dans la Galaxie. Si l'on trouve une motivation suffisante, on peut imaginer que les grandes colonies spatiales envisagées par O'Neil décident de partir sans espoir de retour avec la mission, confiée à leurs arrière-petits-enfants, d'aller essaimer sur de lointaines planètes. En quelques millions d'années seulement, une civilisation qui survit et essaime suffisamment longtemps pourrait coloniser toute la Galaxie.

Quelle pourrait être la motivation d'une telle entreprise qui nous apparaît plutôt démesurée ? Ce ne serait certainement pas une solution à l'accroissement exponentiel de la population terrestre, puisque le coût de l'entreprise monterait aussi exponentiellement. Il est d'ailleurs moins difficile de limiter les naissances sur Terre.

Il me semble que la seule raison suffisante pour tenter d'essaimer sur des planètes lointaines serait de multiplier les chances de survie à très longue échéance de notre civilisation. Sans parler des conflits globaux et des guerres nucléaires, il y a aussi les catastrophes naturelles dont certaines sont liées à la fragilité de notre écosystème. Nous parlerons plus loin de l'installation possible de notre atmosphère.

Un essaimage systématique pourrait être retenu par les civilisations futures comme le plus sûr garant d'une invulnérabilité à très longue échéance.

Et puis, comme le disait Tsiolkovskii, la Terre est le berceau de l'humanité, mais qui veut rester au berceau pour toujours ?

TABLE I

LES GRANDES PREMIÈRES DE L'EXPLORATION DU SYSTÈME SOLAIRE

Date		*Nom*	*Origine*	*Nature de l'événement*
4 oct.	1957	Spoutnik 1	URSS	Premier satellite en orbite terrestre
31 janv.	1958	Explorer 1	USA	Satellite découvre la ceinture de Van Allen
2 janv.	1959	Luna 1	URSS	1er objet qui échappe à la gravité terrestre
12 sept.	1959	Luna 2	URSS	Premier impact sur la Lune (pas de photos)
4 oct.	1959	Luna 3	URSS	1res photos (floues) de l'envers de la Lune
12 avril	1961	Spoutnik 7	URSS	Yuri Gagarine, premier homme en orbite
20 févr.	1962	Mercury 3	USA	John Glenn, trois orbites autour de la Terre
août-déc.	1962	Mariner 2	USA	Premier survol planétaire réussi (Vénus)
28 juil.	1964	Ranger 7	USA	Photos de détails lunaires jusqu'à l'impact
nov. 64-juill.	65	Mariner 4	USA	1er survol réussi de Mars ; photos de cratères
16 nov.	1965	Venera 3	URSS	Premier impact sur Vénus
31 janv.-févr.	66	Luna 9	URSS	Premier atterrissage doux sur la Lune
31 mars	1966	Luna 10	URSS	Première orbite autour de la Lune
10 août	1966	Lunar Orb. 1	USA	Photos détaillées prises d'orbite lunaire
avril	1967	Surveyor 3	USA	1re analyse chimique du sol lunaire
juin	1967	Venera 4	URSS	1re entrée réussie dans l'atmosphère de Vénus

21 déc.	1968	Apollo 8	USA	Trois astronautes tournent autour de la Lune
16-21 juil.	1969	Apollo 11	USA	Deux astronautes marchent sur la Lune
17 août	1970	Venera 78	URSS	1er atterrissage doux sur Vénus
12 sept.	1970	Luna 16	URSS	1er retour automatique de cailloux lunaires
nov.	1970	Luna 17	URSS	1er véhicule automatique sur la Lune
mai-nov.	1971	Mariner 9	USA	Orbite autour de Mars et photos détaillées
mai-déc.	1971	Mars 3	URSS	Premier atterrissage sur Mars
juillet	1971	Apollo 15	USA	Astronautes se promènent en véhicule (Lune)
mars 72-déc.	73	Pioneer 10	USA	Premier survol de Jupiter
avr. 73-sept.	79	Pioneer 11	USA	Premier survol de Saturne
nov. 73-mars	74	Mariner 10	USA	Premier survol de Mercure
juin 75-oct.	75	Venera 9	URSS	1res photos des cailloux de Vénus
juil. 75-juil.	76	Viking 1	USA	1res photos et analyses du sol de Mars 1res opérations de longue durée sur Mars (4 ans)
août 77-mars	79	Voyager 1	USA	1res photos détaillées, satellites de Jupiter
août 77-nov.	80	Voyager 1	USA	1res photos détaillées, satellites de Saturne
avril	1983	Pioneer 10	USA	1er objet quitte le système solaire
juin	1984	Vega 1	URSS	Ballon-sonde libéré dans l'atmosphère de Vénus
11 sept.	1985	I.C. Explorer	USA	Traverse la queue de la comète Giaccobini-Zinner
24 janv.	1986	Voyager 2	USA	Survol et photos, Uranus et ses satellites
6 mars	1986	Vega 1	URSS	Survol du noyau, comète de Halley
13 mars	1986	Giotto	Europe	Survol rapproché (600 km) du noyau de Halley
avril	1989	Phobos	URSS	1er atterrissage sur Phobos (?)
25 août	1989	Voyager 2	USA	Survol de Neptune

CHAPITRE II

L'ORIGINE DU SYSTÈME SOLAIRE

1. De nouvelles perspectives

Depuis une vingtaine d'années, ce que nous savions du système solaire a été multiplié par cent. Cet ensemble énorme de données nouvelles a été suscité surtout par l'exploration spatiale des planètes, mais aussi par les nouvelles techniques d'observation, tant au départ du sol terrestre (radioastronomie et radar-astronomie) qu'au départ des satellites en orbite autour de la Terre (surtout en infrarouge et en ultra-violet). Dans la même période, l'étude chimique, isotopique et minéralogique des météorites et des cailloux lunaires a ouvert des perspectives étonnantes.

En combinant les résultats venus des différentes disciplines, une nouvelle synthèse est en train d'émerger. Se basant sur des modèles quantitatifs, elle suggère un seul scénario possible pour décrire la série compliquée d'événements qui a conduit à l'existence du système solaire. Beaucoup de données restent imprécises et bien des réponses sont mal définies, mais ce ne sont plus que de nombreux points de détail ; ils ne peuvent plus guère changer le scénario que nous décrirons plus loin. Pourtant, avant d'en arriver là, il est utile de rappeler brièvement l'évolution des idées depuis deux cents ans.

2. L'évolution des idées

C'est Laplace qui a considéré le premier la possibilité de résoudre le problème de l'origine du système solaire par des considérations basées sur des faits d'observation. A la fin de son « Exposition du Système du Monde » (1796), il y consacre une vingtaine de pages ; il fait d'abord la liste des quasi-régularités du système solaire (mouvements de révolution des planètes dans le même sens et presque dans le même plan, forme presque circulaire des orbites, mouvements de rotation du Soleil et des planètes presque tous dans le même sens, etc.).

Il en déduit « qu'un fluide d'une immense étendue » a enveloppé le Soleil « comme une atmosphère » dont la rotation originale a imposé toutes ces quasi-régularités. Il compare cette atmosphère aux nébuleuses plus ou moins condensées autour d'un « noyau central » observées par Herschel. C'est cette fausse analogie qui a introduit l'expression « nébuleuse solaire », toujours utilisée pour décrire l'hypothèse de Laplace.

Pendant longtemps, on a cependant cru que Laplace avait tort, car le Soleil tournait beaucoup trop lentement (un tour en 25 jours !) pour résulter de l'agglomération centrale de la nébuleuse solaire. Au début du XXe siècle, on a donc envisagé des théories cataclysmiques, qui n'ont pourtant pas résisté longtemps à l'analyse.

Dans ces théories, on n'essayait pas d'expliquer la formation du Soleil. On supposait par exemple qu'il avait été formé seul, il y a longtemps, « comme toutes les étoiles ». Mais un jour, le passage très rapproché et accidentel d'une autre étoile avait provoqué à sa surface des marées suffisantes pour en arracher le lambeau qui allait former les planètes. La vitesse relative de cet astre intrus allait fournir le moment angulaire nécessaire aux orbites planétaires.

L'idée était ingénieuse mais elle expliquait difficilement les orbites quasi circulaires des planètes. D'ailleurs, la température élevée de la matière solaire impliquait la dispersion d'un tel lambeau dans l'espace, avant sa condensation par refroidissement. Ultérieurement, la découverte du deutérium, l'isotope lourd de l'hydrogène, dans l'eau de nos océans puis dans la plupart des planètes, montrait qu'au moins une fraction de la matière planétaire n'avait jamais été portée à la température des couches intérieures du Soleil, car le deutérium brûle en hélium par des réactions thermonucléaires qui démarrent à moins d'un million de degrés.

Heureusement, le problème du moment angulaire du Soleil s'est résolu de lui-même lorsqu'on a découvert l'existence du vent solaire. Il s'agit d'un plasma totalement ionisé dont le champ magnétique reste couplé à celui de l'astre central. Comme le vent solaire s'enfuit en spirale à la vitesse de 400/s, son déplacement peut être comparé à un ressort spiral qui s'enroule et freine la rotation du Soleil. Si vraiment cette dernière a été progressivement freinée pendant près de cinq milliards d'années, il n'y a aucune contradiction avec une rotation initiale extrêmement rapide, surtout si l'on tient compte d'un vent solaire beaucoup plus intense au début de l'évolution.

Ainsi, le soleil pouvait avoir été formé par la condensation centrale d'une nébuleuse solaire qui allait aussi former les planètes. Revenue en faveur il y a cinquante ans, l'hypothèse n'existait encore que sous la forme d'un scénario spéculatif qui ne se prêtait guère à l'analyse numérique. Par exemple, von Weiszäcker (1944) propose d'arranger des tourbillons de gaz en épicycles pour tenter d'expliquer les distances des planètes. Son analyse a été démontrée être en désaccord quantitatif avec la mécanique des fluides, mais elle a attiré l'attention sur un mécanisme qui avait été négligé jusqu'alors : la turbulence visqueuse du gaz peut dissiper de l'énergie et diminuer le moment angulaire de la nébuleuse primitive.

Ceci a ouvert la voie aux théories modernes du disque d'accrétion qui arrête autour du Soleil la chute de la matière « nébulaire » qui tombe de très loin, et dont les étapes finales correspondent bien à la nébuleuse solaire de Laplace. On doit beaucoup à l'école américaine, d'abord représentée par Kuiper et ses collaborateurs, puis surtout par Cameron qui a développé les modèles de dissipation visqueuse du moment angulaire, à la suite d'un article fondamental de D. Lynden-Bell et J. E. Pringle en 1974.

Dans ce qui suit, et de manière à en alléger la lecture, nous ne mentionnerons qu'accidentellement les doutes et les alternatives qui subsistent sur des points de détail. Nous allons décrire dans l'ordre chronologique les différentes étapes de la formation du système solaire, ainsi qu'elles résultent de la synthèse des résultats récents.

3. *Comment tout a commencé*

Avant de parler du système solaire, il convient de rappeler très brièvement comment tout a commencé. L'univers que nous connaissons semble avoir démarré dans une gigantesque explosion, il y a sans doute quinze ou vingt milliards d'années. La matière formée par cette explosion primordiale contenait seulement de l'hydrogène et de l'hélium ; elle s'est d'abord séparée en lambeaux, formant cent milliards de galaxies s'éloignant rapidement l'une de l'autre. Dans chaque galaxie, une fraction des gaz initiaux s'est condensée en cent milliards d'étoiles.

Il y a dix milliards d'années, beaucoup d'étoiles massives avaient déjà achevé leur évolution, car elles brûlent vite. Au cœur de ces étoiles, les réactions thermonucléaires avaient déjà produit pas mal de carbone, d'azote et d'oxygène, ainsi qu'une certaine quantité des éléments plus lourds.

Leur mort en feu d'artifice avait déjà formé bien des supernovae, qui pour la première fois avaient dispersé ces nouveaux éléments dans l'espace interstellaire. C'est pourquoi de grands nuages de poussière apparaissaient partout, surtout formés par de fins grains de carbone et de silicates de fer et de magnésium. La première matière solide venait d'apparaître dans l'univers.

Dans le gaz interstellaire apparaissaient aussi pour la première fois des molécules plus ou moins compliquées, à base de carbone, d'oxygène et d'azote, qui se concentrent dans les nuages moléculaires denses, dont on voit des exemples dans le voisinage de la nébuleuse d'Orion (Doc. 20 et 21). La radioastronomie a déjà identifié 80 molécules différentes. Pour se limiter à quelques exemples typiques, la molécule d'eau (H_2O) existe en abondance, avec les molécules organiques comme le formaldéhyde (H_2CO), l'acide formique (HCO-OH), l'acide cyanhydrique (HCN) et le cyanure de méthyle (CH_3CN).

Ces molécules résultent d'une chimie étrange à très basse température (de 10 à 30 K) basée sur l'échange de charges électriques entre ions et molécules. L'énergie nécessaire à ces réactions est fournie par l'ionisation des atomes légers les plus abondants (hydrogène et hélium) provoquée par la lumière ultraviolette des étoiles voisines.

Si nous nous reportons maintenant il y a seulement cinq milliards d'années, dans le coin de la Galaxie où le système solaire allait se former, la proportion de gaz dépassait toujours beaucoup la proportion de poussières. Pour trente mille atomes d'hydrogène et deux mille atomes d'hélium interstellaires, il n'y avait encore que vingt atomes d'oxygène, douze de carbone, trois d'azote, deux de néon et un seul de magnésium, de fer et de silicium.

Les proportions de ces neuf éléments subsistent toujours à présent dans notre Soleil et dans la plupart des étoiles voisines. Pour cette raison, nous appelons ces proportions les « abondances cosmiques ». Tous les autres éléments étaient (et sont restés) dans des abondances cosmiques beaucoup plus faibles encore.

4. *Formation des étoiles*

La formation du système solaire implique d'abord la formation d'une étoile : le Soleil. Avant de penser aux circonstances qui pourraient être particulières à la formation du Soleil, il convient d'abord de considérer les conditions usuelles de formation des étoiles.

On observe que les étoiles très jeunes sont en général groupées dans le ciel, et presque toujours entourées de nuages denses de gaz et de poussières. Leur jeune âge implique qu'elles n'ont guère eu le temps de s'écarter de l'endroit où elles sont nées. Il est donc raisonnable de croire que les étoiles naissent dans les nuages denses, en groupes de quelques vingtaines, voire quelques centaines, qu'on identifie aisément tant que les étoiles sont jeunes (associations stellaires), parce que leurs mouvements propres indiquent qu'elles viennent du même endroit.

Parmi les nuages moléculaires, les plus denses sont en général les plus froids, parce qu'ils sont suffisamment opaques pour empêcher la lumière des étoiles voisines de les chauffer. Comme ils continuent à rayonner en infrarouge lointain, ils se refroidissent jusqu'à 30 K, 20 K, voire 10 K. A ces températures, la plupart des molécules interstellaires se condensent sous forme d'un manteau de givre sur les grains de poussière.

Une étude détaillée des nuages moléculaires denses a aussi montré l'existence de nombreuses concentrations encore plus denses, des sortes de modules nébulaires où la densité locale du gaz dépasse 30 000 molécules par centimètre cube, c'est-à-dire plus de trente fois la densité moyenne du nuage. Ces nodules ont des masses voisines d'une à vingt masses solaires et des rayons de vingt à soixante mille unités astromiques[1] (c'est-à-dire entre 0,3 et 1 année-lumière). Ce sont des rayons difficiles à mesurer sur des objets diffus, mais leur valeur approximative indique que la gravitation est toute prête à dominer la pression existant dans le nodule (pression du gaz ajoutée à celle du champ magnétique).

Il semble donc qu'un effondrement gravitationnel

1. L'unité astronomique, U.A., est la distance de la Terre au Soleil (150 millions de km).

vers le centre des nodules est imminent, et qu'il ne manque qu'une chiquenaude pour les transformer en étoiles (des nodules en cours d'effondrement ont d'ailleurs été observés dans W49A).

Une première compression suffisante peut être provoquée par la traversée d'un bras en spirale de la galaxie. Les nodules les plus gros et les plus denses s'effondreront sans doute à ce moment, et formeront par conséquent des étoiles très massives.

Quand ces étoiles s'allument, elles émettent un vent stellaire qui ressemble pendant un certain temps à un ouragan (c'est la phase T Tauri de l'évolution des étoiles jeunes). Cet ouragan supersonique provoque une onde de choc qui peut être capable de provoquer l'effondrement des nodules voisins.

Enfin, parmi les quelques vingtaines d'étoiles qui ont été formées en premier lieu, les plus massives vont brûler si vite qu'elles vont exploser sous forme de supernovae avant d'avoir eu le temps matériel de quitter le nuage moléculaire qui leur a donné naissance. L'explosion de ces supernovae déclenche aussi une onde de choc encore plus intense, qui peut à son tour provoquer l'effondrement des nodules les moins massifs, s'il en existe encore.

5. *Formation du Soleil*

Que s'est-il passé dans le cas du Soleil ? On pourrait aisément croire qu'aucun indice ne subsiste au sujet des circonstances qui ont précédé sa formation. On a pourtant retrouvé les traces d'une supernova très voisine, dont la date de l'explosion a précédé d'extrêmement peu la naissance du système solaire. C'est une histoire fascinante qui vaut la peine d'être contée.

Une énorme météorite pierreuse est tombée du ciel en 1979, près de Pueblo de Allende, au Mexique ; elle s'est brisée en mille morceaux. L'étude des fragments a montré qu'il s'agissait d'une chondrite carbonée. Les chondrites sont constituées surtout de silicates de fer et de magnésium, mais elles contiennent des traces de tous les autres métaux dans des rapports d'abondances strictement cosmiques, ce qui indique qu'elles datent d'avant la formation des planètes.

L'origine du mot chondrite vient des chondres ou chondrules, petites billes de silicate qui ont manifestement été d'abord des gouttelettes fondues à haute température, avant d'être incorporées dans la matrice des chondrites (nous parlerons ultérieurement de leur origine). Dans les chondrules de la météorite d'Allende, on a détecté la présence de l'isotope 26 du magnésium, qui est le résidu de la transmutation de l'aluminium 26 (Al 26) radioactif. Le seul endroit et le seul moment où l'on peut fabriquer de l'Al 26 (en dehors des réacteurs nucléaires) est au cours de l'explosion d'une supernova (peut-être aussi, comme on l'a suggéré récemment, dans certaines géantes rouges). Mais l'Al 26 se désintègre vite, avec une demi-vie de 700 000 ans seulement. On sait que cet Al 26 a été incorporé dans les poussières qui allaient former la chondrule, alors qu'il était encore radioactif. Il faut donc bien que l'onde de choc de la supernova ait atteint ces poussières très peu de temps (en termes de centaines de milliers d'années) avant qu'elles ne soient enfermées dans les chondrules, puis dans la chondrite d'Allende. Comme cette chondrite a été elle-même agglomérée très peu de temps avant la formation des planètes (voir plus loin), la supernova voisine qui est la cause de cette radioactivité éteinte semble avoir explosé juste à temps pour provoquer l'effondrement du nodule nébulaire qui allait former le système solaire.

Considérons maintenant en détail le problème majeur qui a été longtemps la pierre d'achoppement des théories de l'effondrement gravitationnel. Il résulte du théorème de mécanique auquel nous avons fait déjà allusion auparavant, celui de la constance du moment angulaire. Le moment angulaire dépend du produit de la vitesse d'une masse donnée, par sa distance au centre de rotation. Si cette distance diminue, sa vitesse augmente en proportion pour garder le produit constant. C'est cette constance qui explique l'accélération du tourbillon de la patineuse lorsqu'elle rapproche du corps les bras tendus.

Lors de l'effondrement du nodule nébulaire vers son centre de masse, les distances vont diminuer d'un facteur énorme, de cent mille à un million. Si lente que soit la rotation initiale du nodule, l'étoile formée devrait de toute évidence tourbillonner et se briser en plusieurs morceaux par effet centrifuge. C'est sans doute ce qui est arrivé aux deux tiers des étoiles, puisqu'elles font partie de systèmes doubles ou multiples. Dans un tel système, la distance des composantes à leur centre de masse commun est suffisante pour conserver le moment angulaire initial sans introduire une vitesse orbitale trop grande.

6. *Formation d'un disque d'accrétion*

De toute évidence, puisque les étoiles simples existent, la Nature a trouvé une échappatoire pour les fabriquer. Cette échappatoire a d'abord été découverte théoriquement, et a été confirmée fortuitement par de nouvelles observations inattendues. La formation d'une étoile simple semble nécessiter la formation d'un disque transitoire énorme et épais, dans le plan équatorial de la condensation centrale. Ce disque arrête la chute de la matière nébulaire et l'accumule progressivement pour en nourrir l'étoile centrale, pendant peut-être une centaine de milliers d'années. C'est pour cette raison qu'on l'appelle un disque d'accrétion (accrétion vient du verbe accroître et est donc synonyme d'accumulation).

Quoiqu'ils utilisent une approximation pour la viscosité, les modèles numériques basés sur la mécanique des fluides décrivent ces phénomènes d'une manière satisfaisante.

Un disque d'accrétion est très différent d'un anneau. Les anneaux de Saturne sont fins, et ces millions de satellites minuscules sont sur des orbites circulaires stables. Au contraire, un disque d'accrétion est constitué d'un mélange de gaz et de poussières en

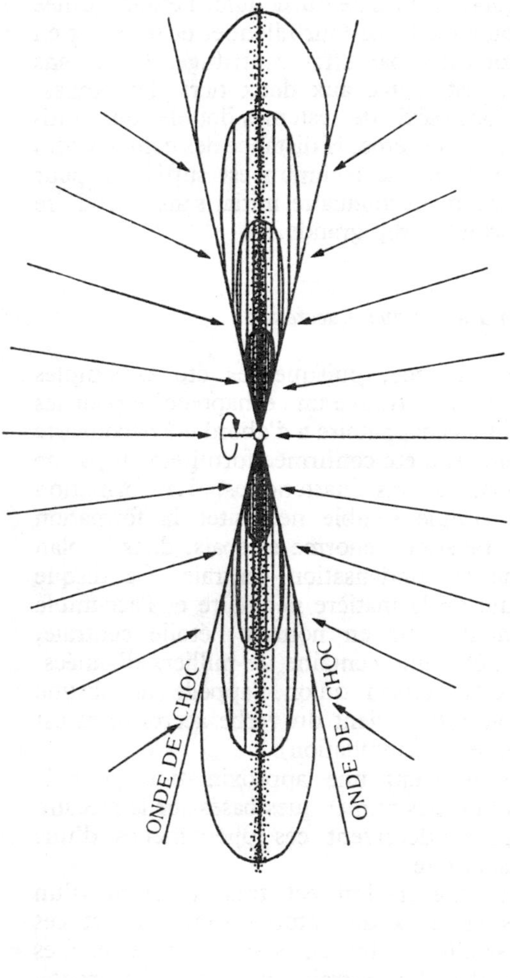

Coupe perpendiculaire au plan équatorial du disque d'accrétion du système solaire.

Le Soleil est au centre. Les flèches représentent la matière nébulaire qui tombe de très loin. Elle est arrêtée dans sa chute par une onde de choc, en forme de cône très ouvert, qui provoque de la turbulence et de la chaleur. L'extérieur de cette onde de choc finit par ressembler à la chromosphère du Soleil et à sa couronne. Les courbes en huit représentent des surfaces d'égale densité du gaz dans le disque. La sédimentation des poussières solides se produit dans le plan de l'équateur, aussitôt que le Soleil atteint sa masse maximum.

état constant de convection et de turbulence. Sa fonction essentielle est d'arrêter la matière nébulaire qui tombe vers lui ; sa seconde fonction est de débarrasser cette matière de son excès de moment angulaire avant de la transporter à l'étoile centrale.

La viscosité du mélange de gaz et de poussières produit une friction entre zones adjacentes parce que leurs vitesses angulaires de rotation autour de l'étoile centrale sont différentes, produisant turbulence et chaleur. La matière de la partie intérieure du disque, étant freinée, finit par s'écouler vers l'étoile centrale dont elle accroît la masse. La matière de la partie extérieure, étant accélérée, s'éloigne du centre et élargit le disque en transportant vers la périphérie le moment angulaire en excès.

Pendant la phase maximum de l'effondrement, le taux d'arrivée de la matière qui tombe sur le disque en accroît progressivement la température et la densité. L'intérieur du disque est convectif, mais son extérieur est radiatif ; vers la fin de son existence, il doit développer une couronne très chaude quoique très raréfiée, ressemblant en bien plus grand à la couronne solaire. Cette couronne a été invoquée pour expliquer l'origine des chondrules, ces particules sphériques de silicate, d'un à plusieurs millimètres de diamètre, qui ont été incorporées dans la matrice des chondrites après avoir été fondues en gouttelettes. La fusion du silicate aurait été induite par des décharges de plasma semblables aux « flares » du Soleil, qui auraient porté des pelotes de poussière de silicate à une température suffisante. L'avenir nous dira si cette interprétation des chondrules est raisonnable.

Lorsque la quantité de matière qui tombe sur le disque diminue, la température et la densité du disque passent par un maximum. Le disque commence à nourrir la masse centrale, et continue pendant un certain temps, de sorte que la plus grande portion de la masse de l'étoile est d'abord passée par le disque. Quand la chute de matière s'arrête, la convection et la turbulence diminuent et finissent par s'arrêter, tandis que le disque se refroidit. Nous en arrivons au stade que l'on peut toujours appeler à juste titre la « nébuleuse solaire primitive », et que nous discuterons dans la section suivante.

La théorie précédente nous explique pour la première fois comment les étoiles simples peuvent naître. Elle suggère que, pour se débarrasser d'un trop grand moment angulaire, la plupart d'entre elles doivent avoir été « nourries » dans leur jeunesse par un disque d'accrétion dont la surface a stoppé l'effondrement gravitationnel. En cherchant parmi les étoiles jeunes voisines, on peut donc espérer détecter des disques. Le gaz du disque est transparent, mais sa poussière est opaque. Pourtant, cette poussière est éclairée par l'étoile centrale, mais elle doit être bien moins brillante que l'étoile elle-même.

Tout à coup, sans crier gare, voilà que l'Infra Red Astronomical Satellite (IRAS), en établissant la carte du ciel dans l'infrarouge lointain, découvre l'existence d'un grand nombre d'étoiles entourées de disques de poussières. C'est la poussière qu'on détecte en infrarouge, parce que les grains froids émettent leur maximum de radiations vers 100 micromètres. Les disques sont brillants en infrarouge car les grains sont fins et nombreux et la surface totale rayonnante est grande.

Dans un nombre restreint de cas, on a pu masquer l'étoile centrale par un disque noir au foyer d'un grand télescope, et faire une photo du disque de poussières en lumière visible. L'exemple le plus spectaculaire est le disque de poussières vu par la tranche de bêta Pictoris. Véga, l'étoile brillante de la constellation de la Lyre, possède aussi un disque de poussières mais il est vu par le pôle et apparaît donc sous forme d'un halo lumineux entourant l'étoile.

La durée totale de l'effondrement gravitationnel d'un nodule nébulaire est difficile à préciser parce qu'elle dépend beaucoup des lignes de force du champ magnétique, qui essaient de s'en échapper, et qui sont plus ou moins retenues par les ions présents. L'effondrement dure au moins cent mille ans, et il peut aisément atteindre quelques millions d'années. De toute façon, la matière nébulaire n'arrive pas toute en même temps au centre. Il faut au moins dix mille ans et peut-être plus de cent mille ans pour que le disque d'accrétion en collecte tous les fragments. Pendant toute cette durée, il évolue : il devient de plus en plus étendu, mais de masse de plus en plus faible, tandis que la masse de l'étoile centrale augmente.

7. *Sédimentation des poussières*

Une époque critique apparaît au moment où le Soleil atteint sa masse finale. A ce moment, la turbulence et la convection du gaz s'arrêtent, car elles étaient nourries par un apport d'énergie gravitationnelle due à la matière qui tombait. A cette époque, il est possible que beaucoup de poussières soient déjà agglomérées en petites pelotes peu solides de quelques millimètres. C'est suggéré par la taille des chondrules car ces dernières sont de l'ordre du millimètre, et non du micromètre comme les fines poussières primordiales ; mais nous ne comprenons pas encore clairement leur processus d'agglomération (électrostatique ?) et de fusion dans les décharges coronales de la surface du disque d'accrétion. L'essentiel pourtant est qu'à ce stade, lorsque les poussières ne sont plus tenues en suspension par la turbulence du gaz, elles sédimentent lentement en tombant vers le plan équatorial. Les chondrules et les poussières les plus grosses tombent le plus vite. La densité de poussières augmente de plus en plus vite dans le voisinage du plan équatorial, de sorte que la nébuleuse solaire est bientôt séparée en deux phases : une phase gazeuse très dispersée et une phase de poussières solides concentrées en anneaux équatoriaux très fins.

Les poussières avaient été portées initialement à des températures très différentes, parce qu'elles étaient à des distances variables du plan équatorial. La sédimentation rassemble donc en un même lieu des poussières microscopiques réfractaires, qui ont été portées à des températures élevées (de 1 000 à 1 400 K) avec d'autres poussières microscopiques contenant des produits organiques volatils, qui n'ont de toute évidence jamais été chauffés à plus de 400 K, voire 300 K ou 200 K. De même sur terre, l'eau des rivières transporte sur de grandes distances des grains d'origine différente, mica, basalte, schiste, quartz ou marbre, que nous retrouvons assemblés par sédimentation dans le sable des estuaires où la turbulence de l'eau a diminué.

Cette sédimentation des poussières et des chondrules de la nébuleuse solaire a laissé des traces dans les météorites primitives que nous avons déjà mentionnées antérieurement : les chondrites, dont la matrice est formée de grains de poussière ultramicroscopiques d'origines diverses, soudés entre eux par la pression, comme dans une roche sédimentaire terrestre.

Cette coexistence microscopique de grains qui ont été portés à des températures très différentes représente la meilleure preuve de l'existence d'une sédimentation des poussières solides dans le plan équatorial de la nébuleuse solaire.

Les températures des grains dépendent non seulement de leur distance (verticale) au plan équatorial de la nébuleuse, mais encore de leur distance (horizontale) au Soleil, mesurée dans le plan équatorial lui-même. Ainsi, les chondrites ordinaires, qui contiennent peu de matières volatiles, ont été sans doute formées de 1.5 à 3 U.A., car elles contiennent des molécules organiques volatiles et de l'eau.

Cette interprétation semble confirmée par l'étude spectroscopique infrarouge de la surface des astéroïdes, les plus éloignés ressemblant de plus en plus aux chondrites carbonées, tandis que les plus rapprochés sont moins sombres et ressemblent aux chondrites ordinaires.

Incorporés dans la matrice des chondrites, il y a deux types d'objets plus grands que les poussières. Nous avons déjà mentionné les chondrules, gouttes de silice sans doute fondues par les décharges dans la couronne nébulaire. Il y a aussi des inclusions réfractaires beaucoup plus claires, de tailles comparables aux chondrules, mais de forme irrégulière ; elles n'ont jamais été fondues, et pour cause, puisqu'elles sont formées des composés les plus réfractaires qu'on trouve dans la nature : les oxydes et des silicates de calcium et d'aluminium. Leur origine n'a pas encore été élucidée.

Par contre, nombreux sont ceux qui ont maintenant la conviction que les grains ultramicroscopiques (0,1 micromètre et moins) qui constituent la matrice de la chondrite ne sont autres que les grains interstellaires eux-mêmes qui, quoique chauffés à différentes températures, n'ont pas totalement perdu leur individualité. Notamment, dans les chondrites carbonées qui contiennent jusqu'à 6 % de molécules organiques et 10 % d'eau, ces substances sont les résidus du givre dont les grains interstellaires étaient couverts dans l'environnement glacé des nuages moléculaires denses.

A différentes distances du Soleil, on imagine aisément que les grains interstellaires givrés ont été chauffés différemment et ont perdu une fraction plus ou moins grande de leurs molécules volatiles.

Dans la zone des futures planètes terrestres, les poussières ont perdu la totalité de leur givre et l'anneau équatorial contient des poussières de silicate seulement. Au-delà de la distance de Jupiter, la situation est inversée et la totalité du givre reste sans doute intacte dans les poussières.

8. *Formation des planétésimales*

Les planétésimales sont les milliards d'objets solides de quelques dizaines de kilomètres de diamètre qui semblent avoir précédé la formation des planètes. Leur existence semble peu douteuse parce qu'elle est requise par la nature physique des objets dont sont venues les chondrites. Au moins quelques planétésimales doivent donc avoir subsisté jusqu'assez récemment dans la ceinture d'astéroïdes avant d'avoir été détruites par des collisions qui en ont envoyé quelques fragments jusqu'à la Terre. Le reste des astéroïdes a été modifié de deux manières dont nous parlerons plus loin.

La durée de formation des planétésimales reste quelque peu incertaine parce que les conditions exactes dans l'anneau équatorial de poussières n'ont pas pu être définies avec précision. Une première hypothèse est que la densité de poussières dans le plan équatorial s'est accrue suffisamment pour atteindre la densité limite de Roche.

La densité de Roche est fixée par la masse et la distance de l'astre central. Sa limite est définie par la comparaison des forces agissant sur une sphère fictive, constituée dans ce cas de particules de poussières. Si la force d'attraction vers le centre de la sphère, due à la masse des poussières, est égale à la force disruptive due aux marées provoquées par le Soleil, on dit que la limite de Roche est atteinte. Tant que la densité est plus faible, la sphère est dispersée par les forces de marée. Si la densité est plus grande, la gravitation due à la masse des grains est plus forte et la sphère s'effondre vers son centre sous son propre poids.

La limite de Roche a été utilisée d'abord pour prédire le temps de formation et la taille des planétésimales. Leur diamètre moyen serait typiquement de 10 kilomètres dans la zone des planètes terrestres, mais il devient de plus en plus grand dans des zones extérieures. Ces objets se formeraient extrêmement vite, disons en quelques années ou tout au plus en quelques centaines d'années, après que la densité de Roche a été atteinte. Ils constituent un moyen extrêmement efficace de séparer définitivement les solides du gaz de la nébuleuse solaire.

Récemment, Weidenschilling (1987) a défendu le point de vue que la limite de Roche ne serait pas si facilement atteinte. Lorsque la densité des poussières domine celle du gaz, le gaz est entraîné par les poussières dans leur voisinage immédiat et va donc *plus vite* dans l'anneau de poussières qu'à l'extérieur de l'anneau. La raison de cette situation est que la pression dans le gaz diminue avec la distance, de sorte qu'il y a une différence de pression qui compense une partie de l'attraction du Soleil. Pour cette raison, le gaz tourne plus lentement que ne le voudrait la loi de Kepler, à laquelle l'anneau de poussières obéit.

Les couches de gaz qui tournent à des vitesses légèrement différentes entretiennent donc un minimum de turbulence. C'est cette turbulence qui empêche d'atteindre la densité limite de Roche dans l'anneau de poussières, parce qu'il ne devient jamais assez mince pour se concentrer suffisamment. L'accumulation par collisions successives se produira de toute façon, mais en de nombreuses étapes, et dépendra du degré d'adhérence des poussières, puis de celui de leurs agrégats de plus en plus grands. Weidenschilling estime qu'il faudra dix mille ans pour atteindre des tailles de l'ordre du kilomètre. L'essentiel de son analyse est que, si nous ne savons pas exactement en combien de temps les choses se sont passées, les planétésimales se sont formées de toute façon en une échelle de temps qui reste très courte.

La taille des planétésimales leur donne une gravité environ dix mille fois plus faible que la gravité terrestre : elles sont donc trop petites pour retenir une atmosphère. Ce facteur (combiné à la dissipation du gaz nébulaire : voir section 10) explique la raréfaction considérable des gaz nobles (hélium, néon, argon, krypton, xénon) dans toutes les planètes terrestres. Les gaz nobles sont donc appelés à juste titre les gaz « rares » par les chimistes terrestres — alors qu'ils sont au fond très abondants dans l'univers ; par exemple, l'abondance cosmique de l'hélium est cent fois plus grande que celle de l'oxygène.

Comme les gaz nobles sont chimiquement inertes, leur propriétés physiques n'ont pas été altérées pendant la longue évolution des planétésimales et des planètes. Pour cette raison, ils constituent d'excellents indicateurs de ce qui s'est passé. Prenons comme exemple le plus lourd des gaz nobles stables : le xénon. Sa masse atomique élevée l'empêche de s'échapper des atmosphères des planètes terrestres. Sa raréfaction y est pourtant considérable par rapport aux abondances cosmiques (un facteur cent mille sur Vénus, dix millions sur la Terre, un milliard sur Mars et dans les chondrites).

Cette raréfaction ne peut s'expliquer que par un processus très effectif de séparation des solides et des gaz commençant par la sédimentation de l'anneau de poussières et continuant par l'agglomération des poussières solides dans des objets trop petits pour retenir une atmosphère de xénon par gravité. Les gaz rares plus légers sont encore plus raréfiés que le xénon dans les planètes terrestres, en accord quantitatif avec leurs pertes ultérieures dans les exosphères pendant près de cinq milliards d'années, mais ceci est une autre histoire. Les différences entre Vénus, la Terre et Mars seront expliquées dans la section 10.

Puisque la température diminue quand la distance solaire augmente, les planétésimales formées de 2 à 5 U.A. ont perdu un degré variable d'eau et de composés organiques, vaporisés par la chaleur de la nébuleuse solaire. Il existe pourtant une distance quelque peu incertaine, au-delà de 5 U.A. (vers la distance de Jupiter), où la totalité du givre interstellaire a survécu sous forme solide. Les planétésimales contiendront là moins de la moitié de poussières de silicate et plus de la moitié de glaces d'eau et de composés organiques volatils venus de l'espace interstellaire. En taille et en nature physique, les planétésimales formées entre 5 et 50 U.A. ressemblent étrangement aux noyaux cométaires : nous verrons bientôt qu'il y a identité probable.

9. *L'âge zéro du système solaire*

L'âge de formation des planétésimales est de loin la date que l'on peut mesurer avec le plus de précision dans le système solaire. D'abord, la durée de leur formation a été très courte, sans doute *beaucoup* plus courte qu'un million d'années. Par ailleurs, il existe toujours des traces d'éléments radioactifs dans tous les

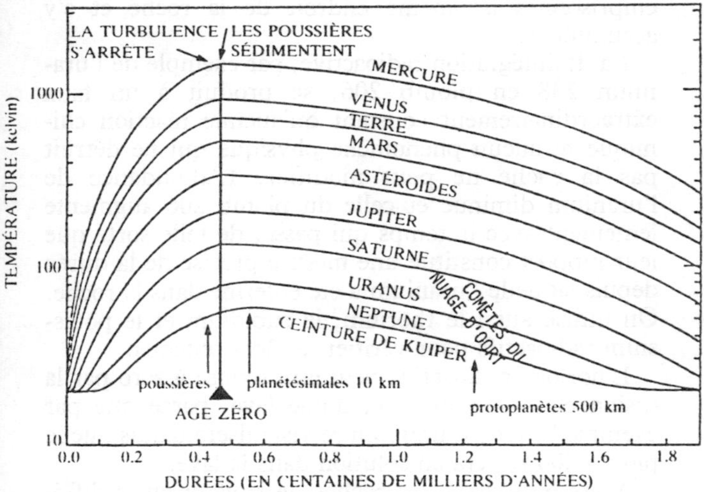

Evolution de la température dans le disque d'accrétion entourant le Soleil, à la position des différentes zones des futures planètes. L'âge zéro du système solaire correspond à la fin de l'accrétion de la matière nébulaire qui tombe de loin, et au commencement de la sédimentation des poussières dans le plan de l'écliptique. Moins de dix mille ans après l'âge zéro, les poussières ont formé des planétésimales de 1 à 10 kilomètres ; l'évolution du disque d'accrétion dure moins de deux cent mille ans.

Les températures maximales de chaque zone expliquent la réduction du fer dans le noyau de la Terre, la présence de composés organiques volatils dans les astéroïdes au-delà de 2,6 UA et la condensation de la glace d'eau près de Jupiter. Les comètes formées dans la zone des planètes géantes seront éjectées pendant la croissance de grosses protoplanètes et certaines (surtout celles perturbées par Uranus et Neptune) finiront dans le Nuage d'Oort. Les comètes de la Ceinture de Kuiper ne se sont pas accumulées en planète(s) et constituent le résidu du disque d'accrétion encore existant, puisqu'il est la source des comètes à courte période. Elles sont passées par un maximum de température de 40 K, contrairement aux comètes du nuage d'Oort, qui ont atteint entre 60 et 100 K. (Diagramme d'après un modèle calculé par Cameron.)

minéraux de sorte que, au moment où l'on emprisonne des poussières microscopiques dans un objet de taille considérable, les produits de désintégration sont emprisonnés au même endroit de la roche et s'y accumulent.

La désintégration radioactive, par exemple de l'uranium 238 en plomb 206, se produit à un taux extraordinairement constant qu'aucune réaction chimique ni aucun phénomène physique qui ne détruit pas la roche ne peut modifier. L'abondance de l'uranium diminue et celle du plomb 206 augmente lentement avec le temps qui passe, de telle sorte que leur rapport constitue une mesure précise de la durée depuis laquelle l'uranium a été enfermé dans la roche. On utilise aussi le thorium, le rubidium et le potassium radioactifs pour vérifier les âges obtenus.

L'horloge radioactive peut être remise à zéro par la fusion et la solidification d'une lave, parce que par exemple l'oxyde d'uranium recristallisera tandis que le plomb 206 restera en solution dans la lave.

Nous possédons des roches de trois origines différentes dont nous pouvons mesurer les âges : les roches terrestres, les roches lunaires et les météorites. Les météorites sont particulièrement précieuses parce qu'elles viennent de la ceinture d'astéroïdes. Les âges de *solidification* les plus anciens connus sont : 3,8 milliards d'années pour une roche terrestre, 4,1 milliards d'années pour une roche lunaire et 4,6 milliards d'années pour les météorites les plus primitives.

Il est aussi possible de définir l'âge de *formation* d'une substance par le moment où un mélange isotopique donné est séparé d'un réservoir commun. Les âges de formation des trois sources de roche peuvent être établis si l'on suppose que ces roches ont été séparées originellement du même réservoir d'isotopes (dans ce cas : la nébuleuse solaire). Ces trois âges pourraient être très différents. Il se fait qu'on les trouve presque identiques. Ce sont :

4,56 ± 0,08 milliards d'années pour les chondrites
4,50 ± 0,05 milliards d'années pour la Terre
4,63 ± 0,01 miliards d'années pour la Lune.

Cet âge commun suggère que les matériaux qui ont constitué les chondrites, la Terre et la Lune, ont été emprisonnés quasi simultanément dans les planétésimales, à différentes distances du Soleil. De loin la mieux définie et la mieux mesurée dans le système solaire, cette époque représente l'âge zéro auquel on peut référer tous les autres événements. L'âge des chondrites est considéré le plus sûr de tous.

Finalement, puisque toutes les substances radioactives se désintègrent, leur présence actuelle implique qu'elles n'ont pas toujours existé. Au lieu d'utiliser des roches, on peut utiliser cette fois les rapports d'abondances cosmiques de l'élément radioactif à son produit de désintégration : on obtient alors « *l'âge de création* » du radioélément. Ce moment de la première « remise à zéro » de l'horloge radioactive se situe il y a 11 milliards d'années, à ± 3 milliards d'années près. Cette durée doit représenter *l'âge moyen* de toutes les explosions de supernovae dans la Galaxie, puisque ce sont elles qui ont synthétisé tous les atomes lourds et radioactifs, mais ceci est une histoire qui ne concerne pas le système solaire.

L'âge zéro a été atteint à la suite d'un processus extrêmement rapide de transformation de poussières en planétésimales (que ce soit en cent ans ou en cent mille ans, cela ne fait guère de différence). Nous en arrivons maintenant au point où un processus très lent (de dix à cent millions d'années) va entrer en action pour agglomérer les myriades de planétésimales en quelques planètes seulement. Pourtant, avant d'aborder la description de cette phase, il convient de nous tourner vers l'évolution du Soleil, car il va bientôt dissiper les gaz de la nébuleuse résiduelle.

10. Naissance du vent solaire

Le Soleil a atteint sa masse maximum au moment où le disque d'accrétion arrêtait de le nourrir. A peu près simultanément, il atteignait son maximum de luminosité (quatre à cinq fois sa luminosité actuelle).

Il avait alors un rayon de quatre ou cinq rayons actuels et une température superficielle vers 4 000 K (au lieu de 5 800 K actuellement).

A ce moment-là, le Soleil en est toujours dans la phase de contraction qui précède son arrivée sur la séquence principale[1]. Il s'y stabilisera dans cinq ou dix millions d'années, lorsque sa température centrale sera suffisante pour y déclencher la combustion thermonucléaire de l'hydrogène. A ce moment-là, sa luminosité sera de 20 à 30 % inférieure à sa luminosité présente. Mais avant cela, et semble-t-il dès que la matière du disque ne l'alimente plus, au lieu de continuer à gagner de la masse, il en perd, car le « vent solaire » se lève et se transforme rapidement en un ouragan : c'est ce qu'on appelle la phase T Tauri du Soleil, dont la source est une couronne très chaude.

Cette activité coronale intense peut d'ailleurs être la cause précise de la fin de l'apport de masse du disque vers le Soleil, car très vite le vent solaire va souffler au loin et disperser les dernières traces du gaz de la nébuleuse solaire. Par contre, son action sur les planétésimales est insignifiante car elles sont trop lourdes et de surface trop faible pour être perturbées par un vent raréfié, si violent soit-il.

Au début, le vent solaire n'arrive pas encore à traverser le disque de gaz et de poussières. Par contre, les régions polaires du Soleil sont libres ; aidé par le champ magnétique induit par la rotation du disque d'accrétion (dont la couronne est ionisée), le vent s'infléchit et s'échappe par les deux pôles. Cette diffusion ambipolaire a été observée récemment dans un certain nombre d'étoiles.

Plus tard, le vent va pourtant implanter une fraction de ses atomes dans la surface des planétésimales ; cette contribution (en proportions solaires, c'est-à-dire cosmiques) semble bien expliquer la distribution des gaz nobles raréfiés dans les différentes planètes. En effet, la proportion de vent solaire absorbée dans la zone de

1. La séquence (ou « série ») principale est décrite en détail dans le texte de J.-Cl. Pecker.

Vénus est la plus grande parce que le plus près du Soleil ; les zones de la Terre et de Mars sont non seulement plus éloignées mais aussi dans l'ombre des agglomérats de poussières et des planétésimales présents dans la zone de Vénus.

Il y a aussi l'effet des dernières grandes collisions des protoplanètes. Elles ont provoqué encore une raréfaction variable des gaz nobles par perte des atmosphères primitives (voir sections 13 et 14) notable sur Terre par suite de la formation de la Lune, et encore plus marquée sur Mars, à cause de sa faible gravité, lors d'impacts comme celui qui a formé Hellas Planitia. Par contre, Vénus ne semble pas avoir souffert d'impact gigantesque dans les dernières phases de son accrétion.

L'observation des étoiles jeunes du type T Tauri nous donne des indications sur l'intensité énorme de leurs vents stellaires, mais pas sur leur durée qui pourrait être aussi bien cent mille ans que dix millions d'années. Dans le cas du Soleil, il est probable que le vent émanant de sa couronne se lève juste au moment où sa masse a atteint son maximum, puis souffle en ouragan pendant une courte période, et finalement tombe asymptotiquement à sa valeur actuelle lorsqu'il atteint la séquence principale, puisque son rayonnement n'a plus guère changé depuis lors. On peut évaluer sommairement de la manière suivante la masse minimum perdue par le Soleil pendant cette phase.

Puisque les silicates contenus dans les planètes sont venus des poussières du disque, ils ont au total une masse environ *cent fois* plus petite que la masse de gaz du disque (à cause des abondances cosmiques). Additionnant les masses des planètes terrestres (Table II) à celles des noyaux des planètes géantes, on trouve 0,02 % de la masse du Soleil. Le gaz du disque avait donc une masse *minimum* de 2 % de la masse solaire. Le vent solaire qui a soufflé et dispersé le gaz ne peut pas être *beaucoup* plus léger (à cause du moment angulaire requis). Il faut donc bien qu'il ait dépassé 1 % de la masse du Soleil, ce qui est compatible avec ce qu'on sait des vents T Tauri. Il est d'ailleurs probable que l'activité coronale de la surface du disque d'accrétion (qui, on s'en souvient, aurait fondu les chondrules) a fourni un vent « nébulaire » encore plus intense, qui avait déjà dispersé une grande partie de la masse résiduelle du disque d'accrétion avant que le vent solaire ne se lève. On peut d'ailleurs se demander si l'activité coronale du disque n'était pas couplée à un champ magnétique suffisant pour en enlever une partie du moment angulaire, par le même mécanisme qui dans d'autres circonstances a freiné et ralenti la rotation du Soleil, mais ceci est une autre histoire qu'on n'a pas encore incorporée dans les modèles.

11. Croissance des planètes

Placées sur des orbites stables quasi circulaires et dans le même plan, les centaines de milliards de planétésimales vont avoir des collisions innombrables. Parce que les orbites sont quasi circulaires, les vitesses relatives sont extraordinairement faibles et les collisions ne sont pas élastiques ; sans rebondissement, il faut bien que la plupart des objets s'écrasent et s'agglomèrent. Pour simplifier le calcul, on suppose d'abord toutes les planétésimales identiques. A cause de leur grand nombre, on peut les assimiler à des molécules de la théorie cinétique des gaz et utiliser des méthodes similaires.

Les premiers modèles ont été calculés en négligeant l'existence du gaz nébulaire. On doit beaucoup à l'école de Moscou, fondée par Otto Schmidt (1930) et représentée surtout à présent par Safronov (1969). On constate qu'après des collisions multiples il se forme une distribution des masses dont la pente ne change plus (sur un diagramme logarithmique) pendant la croissance des objets ($dN = m^{-1.2} DM$, où N représente le nombre d'objets de masse m). Les objets les plus grands de cette distribution continuent à croître lentement par agglomérations successives de sorte que, dans la région des planètes terrestres, le modèle fait apparaître en cent mille ans quelques vingtaines d'objets, certains plus grands, certains plus petits, mais en général déjà de l'ordre de grandeur de la taille de la Lune.

Puisque le gaz nébulaire n'est pas nécessairement dissipé en moins d'un million d'années, l'école de Kyōto (Nakagawa 1983) a récemment introduit la friction du gaz dans les modèles. Le gaz amortit les mouvements et garde plus longtemps des orbites presque circulaires, ce qui raccourcit le processus, mais n'emballe pas l'accumulation des grands objets. Pour comprendre l'étape finale de l'accumulation, il faut explorer par le calcul les collisions des embryons planétaires. Les planétésimales exigeaient des collisions directes car leur gravitation était négligeable et elles s'attiraient donc très peu l'une l'autre. Aussitôt qu'on a accumulé des objets de plus grande taille, leur gravitation infléchit les orbites des planétésimales, ce qui produit deux effets majeurs.

D'abord, tout se passe comme si leur diamètre effectif pour obtenir une collision était plus grand que leur diamètre réel, ce diamètre effectif croissant d'autant plus vite que la vitesse relative est plus faible. Ce processus conduit à un emballement de l'accumulation en faveur des objets les plus grands.

Deuxièmement, la déflection des planétésimales, qui ratent de peu la collision, les envoie sur une orbite elliptique différente autour du Soleil ; non seulement elle devient moins circulaire, mais elle a quitté son plan initial. Après un certain temps, les orbites de *tous* les petits objets sont plus elliptiques et plus inclinées dans tous les sens, ce qui provoque dans les collisions un accroissement considérable des vitesses relatives. A grande vitesse, les rebondissements sont plus fréquents, donc l'accumulation diminue ; par contre, la fragmentation par collision s'accroît. Il arrive un moment où la fragmentation domine et où la taille moyenne des objets diminue au lieu d'augmenter.

C'est de toute évidence ce qui est arrivé dans la ceinture d'astéroïdes entre Mars et Jupiter. D'abord, la distribution actuelle des masses des petites planètes n'est pas celle prédite pour une accumulation, mais

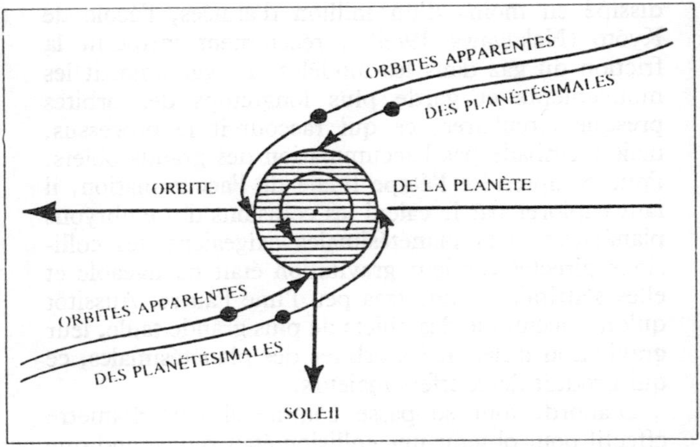

Origine de la rotation primordiale en sens direct des planètes.

Les planétésimales qui heurtent l'embryon planétaire lui transmettent toujours une impulsion de rotation en sens direct. La raison provient des considérations suivantes. Supposons la planète sur une orbite circulaire. Une planétésimale sur une orbite plus proche du Soleil ne pourra heurter la planète que lorsqu'elle s'approche de son aphélie. Sa vitesse orbitale est alors plus petite que celle de la planète, donc cette dernière la rattrape et, en apparence, la planétésimale semble venir de la direction opposée. Réciproquement, les planétésimales plus loin du Soleil semblent d'abord dépasser la planète avant la collision (elles vont plus vite car elles sont proches de leur périhélie). Les modèles suggèrent qu'un embryon planétaire doit atteindre la rotation primordiale d'une dizaine d'heures. Plus tard, les collisions finales avec un très petit nombre d'objets très grands (comme la Lune ou Mars) introduisent un facteur aléatoire qui peut changer considérablement la période ainsi que la direction de l'axe de rotation. Enfin, les effets séculaires dus aux marées ont ralenti considérablement un certain nombre de rotations planétaires.

correspond à une fragmentation. Ensuite, leurs orbites sont plus elliptiques et s'écartent beaucoup du plan du système solaire.

Pour expliquer ce qui a empêché l'agglomération d'une planète dans la zone des astéroïdes, il faut bien qu'un gros embryon planétaire soit apparu très tôt, de manière à disperser les vitesses des objets de la zone de 2 à 4 U.A. *avant* qu'ils n'aient eu le temps de s'agglomérer eux-mêmes en un ou plusieurs objets de taille suffisante pour finir par former une planète unique à 2,8 U.A. La seule planète majeure voisine est précisément la plus massive du système solaire (Jupiter a 318 fois la masse de la Terre).

Comment l'embryon de Jupiter a-t-il pu agir de si loin (de 5,2 U.A. jusqu'à moins de 2 U.A.) ? C'est par résonance avec les périodes de révolution plus courtes, mais commensurables avec la sienne, dans des rapports simples comme 2 : 3, 1 : 2, 1 : 3, etc. Pour ces périodes, il subsiste encore des lacunes dans la ceinture actuelle d'astéroïdes. Les objets manquants ont été placés au cours du temps sur des orbites de plus en plus elliptiques et de plus en plus inclinées par les impulsions répétées de Jupiter, et finalement enlevés par des collisions. Antérieurement, lorsque la nébuleuse solaire résiduelle a été soufflée par le vent T Tauri du Soleil, la perte de masse a déplacé lentement l'orbite de l'embryon de Jupiter, donc poussé les résonances au travers de la ceinture d'astéroïdes, de telle sorte que leurs vitesses et leurs inclinaisons ont été dispersées suffisamment pour empêcher l'agglomération ultérieure d'une planète.

12. Formation des planètes géantes

La fragmentation des astéroïdes représente probablement l'argument le plus certain en faveur de l'existence prématurée (c'est-à-dire très tôt dans l'histoire de l'accumulation planétaire) d'un gros embryon de planète à la distance de Jupiter. Cet embryon devait avoir atteint au moins dix fois la masse de la Terre, au moment où l'agglomération des planétésimales n'avait encore produit nulle part ailleurs des objets atteignant la masse de la Lune.

Un autre argument provient de la constitution chimique de Jupiter : sans atteindre tout à fait les proportions cosmiques (Table III), la quantité d'hydrogène et d'hélium y dépasse pourtant 90 %, ce qui implique un effondrement gravitationnel *du gaz* de la nébuleuse solaire (et non de ses poussières seulement).

Pour provoquer un effondrement gazeux, la densité de la nébuleuse solaire n'est pas assez grande, et il faut un objet central d'au moins 10 masses terrestres pour atteindre la densité de Roche à la distance de Jupiter. Il ne faut pas non plus que la nébuleuse primitive ait déjà été dissipée par le vent solaire ; il faut donc bien que l'embryon de Jupiter ait atteint la taille de 10 masses terrestres très tôt, de préférence pendant le premier demi-million d'années. Il est intéressant de constater que vingt masses terrestres représentent approximativement la masse *minimum* en silicates et en neiges qu'il faut ajouter aux abondances cosmiques pour arriver à expliquer la densité actuelle de Jupiter. Comme les autres planètes géantes requièrent aussi des noyaux lourds de l'ordre de 10 à 20 masses terrestres (Table IV), on peut imaginer que les quatre planètes géantes ont été formées au départ d'embryons de silicates et de neiges du même ordre de grandeur. Pourtant, plus on est loin du Soleil, plus il faut de temps pour accumuler de gros embryons planétaires. Le fait que la proportion d'hydrogène et d'hélium diminue considérablement quand on passe de Saturne à Uranus et à Neptune, indique sans doute que les embryons de ces dernières planètes n'ont atteint la taille critique que lorsque la nébuleuse solaire avait déjà été presque toute dispersée par le vent solaire T Tauri.

Ces gros embryons n'ont pas encore été prédits par nos modèles, mais c'est parce que ces derniers sont trop simplistes. Notamment, la supposition que toutes les planétésimales sont identiques est fausse, et on a vérifié que les moindres différences initiales ont vite tendance à s'accentuer puis à s'emballer.

Dans les modèles initiaux, on était d'ailleurs arrivé à un paradoxe. Continuant les collisions des embryons planétaires, on arrivait à construire les planètes terrestres en dix à cent millions d'années et les planètes géantes en un à dix milliards d'années. Le paradoxe résidait dans le fait que l'accumulation de Neptune exigeait une durée deux fois plus longue que toute la vie du système solaire ! L'école de Kyōto avait déjà amélioré quelque peu la situation, à condition d'imaginer que le gaz de la nébuleuse subsiste jusqu'à la fin de l'accumulation des planètes.

L'école américaine (Greenberg, 1978 ; Wetherill, 1986) a constaté qu'en compliquant les modèles pour serrer la réalité de plus près, on arrivait à une situation où les accumulations finales s'emballaient toujours, ce qui raccourcit les durées de formation des planètes. A la limite on pourrait peut-être agglomérer 99 % de la Terre en un million d'années, de Neptune en 100 millions d'années ; bien entendu, le dernier pour cent requiert beaucoup plus de temps. L'agglomération ralentit considérablement parce que les planétésimales encore disponibles se raréfient. En un sens, on pourrait dire qu'elle n'est pas encore finie, puisque les familles d'astéroïdes Apollo et Amor sont sur des orbites instables qui heurteront la Terre ou Mars dans les prochains millions d'années.

Il y a quelques années, on se demandait si les planètes géantes avaient vraiment besoin d'un gros embryon rocheux. Si la nébuleuse solaire avait été suffisamment massive, la densité du gaz aurait pu dépasser la densité critique de Roche en plusieurs points. Les planètes géantes auraient donc pu se former directement par effondrement gravitationnel, comme les étoiles multiples. On ne peut pas sérieusement envisager cette hypothèse, ni pour Uranus ni pour Neptune, car ces deux planètes ont trop peu d'hydrogène et d'hélium. Stevenson (1985) a montré que l'hypothèse est aussi en désaccord avec les densités de Jupiter et de Saturne.

L'alternative est donc de constituer rapidement des embryons d'au moins une dizaine de masses terrestres pour les planètes géantes. Or il se fait que dans la nébuleuse solaire la glace se sublime en vapeur d'eau en deçà de 5 U.A., tandis que la vapeur d'eau se condense en glace au-delà de 5 U.A. (dans le vide, l'eau liquide n'existe pas).

L'existence de glace sur les grains de poussière multiplie leur masse par un facteur 2,5 à cause des abondances cosmiques ; d'autre part, la glace qui s'est vaporisée en deçà de 5 U.A. a formé de la vapeur d'eau qui a participé à la convection des gaz dans le disque d'accrétion. La fraction de vapeur d'eau qui atteint 5 U.A. se condense en glace sur les grains de cette zone, qui fonctionne comme une paroi froide.

Les grains glacés déjà alourdis ont donc reçu un apport supplémentaire de plusieurs masses terrestres de glace, dans une zone étroite voisine de l'orbite de Jupiter. Les grains plus lourds sédimentent plus vite ; un effondrement gravitationnel semble donc devoir se produire d'abord dans les poussières givrées de la zone de Jupiter, et ce n'est sans doute pas par accident que la position de la zone de condensation de la glace coïncide avec la présence de la plus grosse planète du système solaire.

La présence de satellites autour des planètes géantes implique sans doute l'existence de petits disques d'accrétion autour de ces planètes, en tous points analogues au grand disque du Soleil, mais les modèles n'en ont pas été calculés jusqu'à présent.

13. Les planètes terrestres

Dans les expériences numériques sur l'accumulation des planétésimales dans la zone des planètes terrestres, on néglige en général l'action faible des planètes géantes. On constate alors qu'on accumule en cent mille ans une vingtaine de grandes masses (chacune de l'ordre de 10 % de la Terre) qui se stabilisent pour toujours entre 0,2 et 1,8 U.A., sur des orbites quasi circulaires (excentricités de 0,0001 à 0,00001).

Les milliers d'objets très petits qui subsistent sont sur des orbites fort elliptiques et fort inclinées. Ils finiront par être éjectés de la zone, s'ils ne disparaissent pas dans des collisions.

Mais alors, pourquoi donc n'avons-nous seulement que quatre — et non pas vingt — planètes terrestres ? C'est évidemment parce que la présence de Jupiter ne peut pas être négligée, car il perturbe constamment leurs excentricités. Ces dernières sont à présent de 0,206 (Mercure) ; 0,007 (Vénus) ; 0,017 (la Terre) et 0,093 (Mars), soit en moyenne des centaines de fois plus grandes que les résultats mentionnés plus haut. Ces résultats confirment une fois de plus la nécessité de l'existence de Jupiter avant les dernières étapes de l'agglomération des planètes terrestres, sinon on s'arrête à une vingtaine d'objets plus ou moins de la taille de Mars.

Comme Jupiter a accentué l'excentricité de ces objets, leurs orbites se sont superposées dans des zones élargies (typiquement couvrant 0,2 U.A. au lieu de 0,02 U.A.). Les quatre planètes finales ont donc pu résulter d'un petit nombre de collisions mutuelles d'une vingtaine d'objets assez grands (tailles voisines de la planète Mars, avec bien entendu de grandes différences d'un objet à l'autre).

14. La Terre et la Lune

Contrairement à ce qu'on croyait encore il y a trente ans, l'exploration de la Lune et l'analyse des cailloux lunaires a révélé que notre satellite n'est pas un astre homogène entièrement composé de matières chondritiques. La Lune n'a pas la même composition en surface et en profondeur. Cependant sa densité moyenne (3,3) indique qu'elle ne possède nullement un énorme noyau de fer comme la Terre ; pourtant, les rochers lunaires sont aussi pauvres en fer que les rochers terrestres, quoiqu'ils ne leur soient pas identiques car ils possèdent moins d'éléments volatils (comme le sodium et la potassium) et plus d'éléments réfractaires (comme des oxydes d'aluminium et de calcium). Pour « fabriquer » des roches lunaires au moyen de roches terrestres, il faudrait donc porter ces dernières à une température extrêmement élevée.

La chaleur des radioactivités emprisonnées dans la Terre, ajoutée à celle des collisions, a certainement fait passer la Terre par une phase transitoire où la température interne a été suffisante pour séparer le fer liquide des silicates plus légers. Comme dans un haut fourneau, les scories légères de silicates ont surnagé tandis que le métal plus lourd en fusion a coulé vers le centre.

Pourtant, il a bien fallu que les silicates de la Lune soient portés à une température encore bien plus élevée. De surcroît, la majorité de son fer a disparu. Où est-il passé ?

On sait que la Lune s'écarte en spirale de la Terre ; l'origine de cette récession est due aux marées. Puisque sa distance augmente encore de 4 centimètres par an, la Lune était très voisine de la Terre il y a 4 milliards d'années. C'est un fait dont il faut tenir compte pour expliquer son origine.

Jusqu'à tout récemment, aucune théorie au sujet de l'origine de la Lune n'était vraiment satisfaisante. Par exemple, la théorie de l'accrétion simultanée mais séparée de la Terre et de la Lune n'explique pas la raréfaction du fer. Celle de la fission de la Terre par effet centrifuge peut expliquer cette raréfaction, si l'événement se passe après la formation du noyau de fer terrestre, mais elle ne résout pas le problème du moment angulaire (origine et disparition). La théorie de la capture d'un corps fabriqué ailleurs (où ?) ne résout ni la raréfaction du fer ni l'origine du freinage pour effectuer la capture. Je me souviens de la réunion d'octobre 1984 à Kona, dans la grande île de Hawaii, où nous avons confronté ces difficultés pour la dernière fois ; l'ébauche d'une réponse possible est apparue au cours de ces discussions. Depuis lors, tous les détails numériques ont été complétés, et nous possédons enfin une solution compatible avec tous les faits connus. Cette solution avait été d'abord proposée par Cameron et Ward dès 1976.

Pour faire la Lune, il a fallu l'impact sur la Terre d'une protoplanète de 0,10 à 0,15 à (en appelant m la masse de la Terre). L'impact s'est produit à un angle presque rasant, de sorte que la collision n'a détaché qu'une fraction du manteau terrestre, et n'a pas atteint le noyau de fer. De toute évidence, l'impact a été provoqué par un des vingt ou trente objets formés précédemment, et celui-là avait une masse voisine de celle de la planète Mars. L'objet a dû se rapprocher lentement sur une orbite quasi circulaire ; c'était donc une protoplanète de la zone terrestre (1 ± 0,1 A.A.). L'impact rasant a dispersé plus d'une masse lunaire en orbite autour de la Terre. La très grande chaleur de l'impact a vaporisé les volatils et concentré les réfractaires du matériau lunaire. Le modèle numérique donne tous les détails à tous les moments de la collision. La plus grande partie de la masse arrachée est dispersée sur une orbite autour de la Terre, située au-delà de la limite de Roche, de sorte qu'elle ne forme pas un anneau permanent, mais bien un petit disque d'accrétion qui se résorbe rapidement en formant la Lune. On a pu utiliser les résultats numériques pour faire un film qui montre les détails de la collision entre les deux planètes, et l'apparition du disque d'accrétion qui formera la Lune.

Une conclusion importante est que si la gravitation terrestre avait déjà accumulé alors une atmosphère primitive (venant par exemple du gaz de la nébuleuse solaire), elle aura été totalement dispersée dans l'espace et perdue dans la collision qui a formé la Lune.

15. Mercure

Le problème de Mercure est l'inverse de celui de la Lune, car Mercure a trop de fer. La densité moyenne de Mercure (5,4) est anormalement élevée. La comparaison avec la Terre (5,5) est trompeuse parce que notre planète est 18 fois plus massive, de sorte que notre noyau de fer atteint des pressions, donc des densités, bien plus élevées. En proportion, il faut bien que Mercure possède un noyau central deux fois plus gros que la Terre, c'est-à-dire qu'il doit contenir 65 à 70 % de la masse de Mercure.

Pour partir des abondances cosmiques, il faut utiliser une masse initiale au moins double et se débarrasser ultérieurement d'un manteau de silicates. Le meilleur moyen semble de partir d'un proto-Mercure de 0,14 m (m = masse de la Terre) en collision avec un objet de 0,02 m (un peu comme la Lune). Un impact quasi central à 20 km/s est possible avec une orbite elliptique ; il éjecte beaucoup plus de silicates que de fer ; l'éjectat ne forme pas de satellite, et on reste avec un objet de masse et de composition chimique très semblables à celles du Mercure actuel.

Sans prétendre que nous ayions reconstitué les circonstances exactes, ni pour la Lune ni pour Mercure, nous avons tout au moins montré qu'il est possible de trouver des solutions quantitatives par des collisions avec des objets dont la taille approximative est prédite par les modèles d'accumulation.

16. Des cratères partout

Une des révélations les plus inattendues de l'exploration spatiale du système solaire a été d'y découvrir des cratères d'impact partout, c'est-à-dire sur toutes les planètes et tous les satellites qui possédaient une croûte solide visible.

Les deux exceptions marquantes sont aisément expliquées par des phénomènes récents qui cachent les cratères : sur Io, un des quatre satellites galiléens de Jupiter, le soufre éjecté par les volcans recouvre toute la surface d'une couche épaisse en quelques milliers d'années. Sur Terre, l'érosion due aux vents et à la pluie transporte les sédiments et efface les vestiges en quelques millions d'années.

Pourtant, en cherchant bien, on a quand même

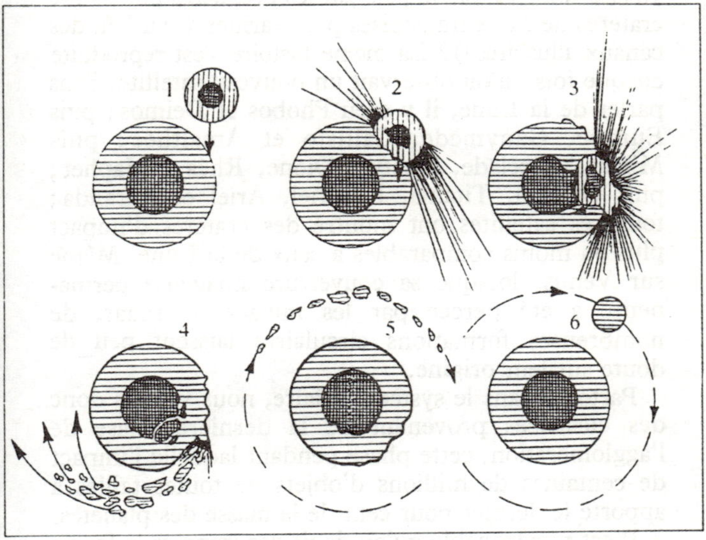

Formation de la Lune par collision de la Terre avec un objet de la taille de la planète Mars.

1. Impact presque rasant. 2. Le noyau de fer de l'objet pénètre le manteau terrestre. 3. Projection de silicates dans l'espace. 4. Une fraction est capturée en orbite terrestre. 5. Cette fraction forme un petit disque d'accrétion où les morceaux s'agglomèrent. 6. Le plus gros morceau a absorbé tous les autres : c'est la Lune.

trouvé sur Terre une bonne centaine de petits cratères d'impact, tous très jeunes (de moins d'un million d'années), et des traces géologiques d'impacts plus grands et plus anciens.

Quant aux autres planètes, faut-il rappeler les milliers de cratères de Mercure révélés par Mariner 10 et la surprise provoquée par les premières photos des cratères de Mars transmises par Mariner 4 (au lieu des canaux illusoires !) ? La même histoire s'est reproduite chaque fois qu'on observait un nouveau satellite. Sans parler de la Lune, il y a eu Phobos et Deimos ; puis Europe, Ganymède, Callisto et Amalthée ; puis Mimas, Encelade, Thetys, Dione, Rhéa et Japhet ; puis Obéron, Titania, Umbriel, Ariel et Miranda ; tous ces satellites ont montré des cratères d'impact plus ou moins comparables à ceux de la Lune. Même sur Vénus, lorsque sa couverture nuageuse permanente a été percée par les images de radar, de nombreuses formations circulaires laissent peu de doute sur leur origine.

Partout, dans le système solaire, nous voyons donc des cicatrices provenant de la dernière phase de l'agglomération, cette phase pendant laquelle l'impact de centaines de millions d'objets de toutes tailles a apporté le dernier pour cent de la masse des planètes.

Il est remarquable qu'en dépit des impacts la forme des planètes tende inéluctablement à reprendre sa figure d'équilibre qui est sphérique (ou un peu ellipsoïdale, lorsqu'elle est aplatie par une rotation rapide). C'est parce qu'à cause de leur taille la gravité l'emporte ; le poids des montagnes écrase la résistance des couches inférieures jusqu'à ce que leur hauteur corresponde à des pressions tolérables par la solidité des rochers. Seuls les objets de très petite taille comme Phobos et Deimos ou comme Amalthée ont une gravité suffisamment faible pour garder une forme irrégulière.

La plupart des millions d'objets dont l'impact a laissé des traces sur les surfaces des objets du système solaire étaient petits, typiquement de 10 à 300 kilomètres. Pourtant, même dans les dernières phases de

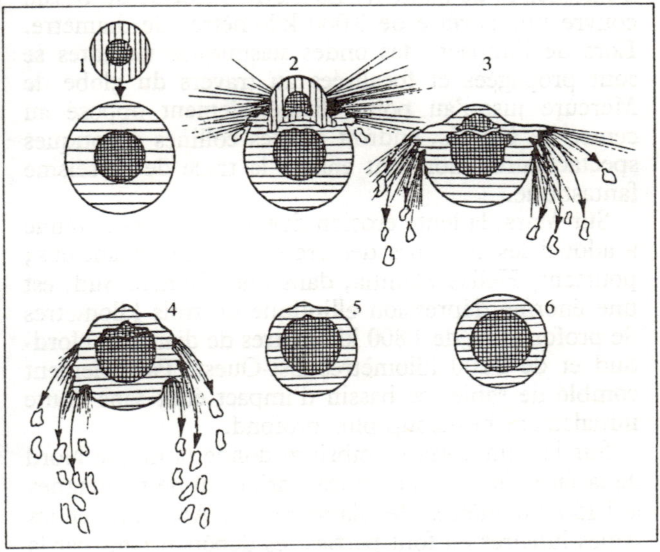

Perte d'une fraction du manteau de silicates de Mercure par collision. 1. Percussion centrale. 2. Pénétration du manteau. 3 et 4. Ejection d'une partie du manteau de silicates. 5 et 6. Mercure reprend sa forme : le noyau métallique central a augmenté, le manteau de silicates a diminué.

l'accumulation, la théorie montre que des impacts énormes restaient inévitables.

L'observation confirme ce fait, car de grands impacts ont laissé des traces visibles partout. Par exemple, sur Mercure, le bassin d'impact qu'on a nommé Caloris (il est trop grand pour être appelé un cratère) a plus de 13 000 kilomètres de diamètre. Il est entouré d'un anneau circulaire de montagnes de 2 kilomètres de hauteur. La matière éjectée du bassin couvre une surface de 3 000 kilomètres de diamètre. Lors de l'impact, des ondes séismiques violentes se sont propagées et focalisées au travers du globe de Mercure jusqu'au point diamétralement opposé au centre de Caloris, endroit où des collines chaotiques spectaculaires montrent encore la trace de ce séisme fantastique.

Sur Mars, la lente érosion due à l'atmosphère ténue a adouci les contours des cratères d'impact anciens; pourtant, Hellas Planitia, dans l'hémisphère Sud, est une énorme dépression elliptique de trois kilomètres de profondeur, de 1 800 kilomètres de diamètre Nord-Sud et de 2 200 kilomètres Est-Ouest. Partiellement comblé de sable, ce bassin d'impact était sans doute initialement beaucoup plus profond.

Sur la Lune, Mare Imbrium donne la moitié Nord de la face visible; son anneau principal de montagnes a 1 150 kilomètres de diamètre, les Apennins et les Alpes lunaires en font partie; les dépôts éjectés par la collision peuvent être observés jusqu'à 600 kilomètres du bassin, où ils ont encore plus d'un kilomètre d'épaisseur.

Nous n'avons pas de date précise pour la formation de tous ces bassins, excepté sur la Lune, où l'âge radioactif de nombreux cailloux lunaires a aidé à étalonner une échelle lunaire des durées (Table V). La mission Apollo 14 a déterminé l'âge d'impact de Mare Imbrium; il est de 3,85 milliards d'années et s'est donc produit 700 millions d'années après l'âge zéro. La plupart des grands bassins lunaires ont été formés par des impacts antérieurs et sont partiellement oblitérés, quoique reconnaissables. Il est donc clair que la dernière phase de l'accrétion a duré très longtemps, pendant des centaines de millions d'années, comprenant des objets de toutes tailles mais avec une grande prédominance des petits objets, comme en témoignent les diamètres de centaines de milliers de petits cratères. Mais l'échelle des âges des cratères lunaires montre que 90 % ont été formés très tôt, disons dans les premiers cent millions d'années, et que le bombardement a diminué d'abord vite, puis de plus en plus lentement.

En faisant des statistiques sur le nombre de cratères de différentes tailles, on a pu reconstituer la distribution des tailles des planétésimales à la fin de l'accrétion : elle confirme des prédictions théoriques, ce qui encourage à croire qu'on comprend vraiment ce qui s'est passé à cette époque.

17. L'accrétion devient hétérogène

L'agglomération des planètes terrestres s'est faite pour 99 % avec des planétésimales homogènes, parce qu'elles ont été toutes formées sur des orbites circulaires à la même distance du Soleil (1,0 ± 0,1 U.A. pour la Terre).

A la longue cependant, la gravitation croissante des embryons planétaires de plus en plus gros a commencé à disperser leurs orbites ; leurs excentricités et leurs inclinaisons sur le plan de l'écliptique deviennent de plus en plus grandes. Il vient un moment où les planétésimales arrivent de loin, d'abord de la ceinture d'astéroïdes, puis de la zone de Jupiter, enfin des zones des planètes extérieures.

Comme l'accrétion des planètes géantes exige plus de temps, les planétésimales terrestres s'épuisent les premières ; les planétésimales de glace des zones extérieures continuent à arriver jusqu'aux planètes terrestres longtemps après que les dernières planétésimales rocheuses ont disparu.

Le dernier pour cent de l'accrétion devient donc de plus en plus hétérogène, apportant d'abord des chondrites venant de 2 à 3 U.A., contenant surtout de l'olivine (silicate de magnésium et de fer) ; puis des chondrites carbonées venant de 3 à 5 U.A. contenant de la serpentine (silicate hydraté) avec une proportion d'eau croissant de 10 à 20 %, ainsi que des matières organiques et sulfureuses de plus en plus volatiles, le carbone passant de 2 à 4 %, le soufre de 3 à 6 % ; finalement, le dernier dixième de pour cent de l'accrétion est constitué par des objets venant de 5 à 50 U.A. ; ils contiennent plus de 50 % de glaces d'eau et d'autres matières volatiles. Ces objets sont ce que nous appelons actuellement des comètes.

Enfin, le système solaire ne s'arrête probablement pas à la distance de Neptune et de Pluton. Comme l'indique la taille du disque de poussières de bêta Pictoris, il est vraisemblable qu'une ceinture de comètes se soit formée plus loin, comme l'avait déjà proposé Kuiper dès 1951. C'est un anneau plat qu'il ne faut pas confondre avec le nuage d'Oort, qui est plus loin et possède une symétrie sphérique. La « ceinture de Kuiper » s'étend de 40 U.A. jusqu'à peut-être 300 ou 400 U.A.; c'est une ceinture qui tourne dans le sens des planètes et est aplatie sur l'écliptique, un peu comme la ceinture d'astéroïdes. Un indice de son existence a été trouvé en 1988, en démontrant que les comètes à courte période ne proviennent pas du nuage d'Oort, mais bien d'une population dont les orbites doivent déjà être fort aplaties sur l'écliptique. Les comètes à courte période constituent somme toute la phase finale de l'accrétion hétérogène, encore inachevée de nos jours.

18. Les comètes

Les planétésimales glacées qui ont constitué les embryons des planètes géantes ont diffusé de plus en plus, non seulement vers l'intérieur du système solaire, mais aussi vers l'extérieur. Le Russe Safronov a montré en 1972 que la formation d'un nuage immense de comètes, dans une sphère dont le rayon actuel est d'environ 50 000 U.A. (le nuage d'Oort), est le résultat direct de la théorie de l'accumulation des planètes géantes. Ses résultats sont résumés ci-après ; m_E représente la masse totale des planétésimales éjectées vers l'infini ; m_o, la masse qui reste liée gravitationnellement au Soleil (nuage d'Oort) ; finalement, M représente la masse de la Terre, utilisée comme unité de masse.

Masse des planétésimales éjectées par les planètes géantes :

	m_E	m_o
Jupiter	100 M	0,2 M
Saturne	80 M	0,4 M
Uranus	50 M	0,6 M
Neptune	60 M	1,3 M
TOTAUX	290 M	2,5 M

Ces résultats sont une conséquence nécessaire du mécanisme d'accumulation, les masses éjectées dépendant directement des masses accumulées sur les planètes géantes. Pourtant, la théorie est basée sur un modèle simpliste, de sorte qu'il y reste sans doute une incertitude numérique.

Autre conséquence : comme les objets sont éjectés sur des orbites (quasi paraboliques et hyperboliques) qui sont orientées au hasard, une moitié vient d'abord vers l'intérieur du système solaire. Une fraction est capturée sur des orbites à courtes périodes, ce qui augmente leurs chances de collision. Une comète sur un million finira par heurter une des planètes terrestres, c'est-à-dire qu'une masse de 0,0003 M sera arrêtée (sans parler de la contribution plus tardive de la ceinture de Kuiper).

En résumé et en chiffres ronds, l'accrétion hétérogène est constituée par 1 % de chondrites ordinaires, 0,1 % de chondrites carbonées et 0,01 % de comètes. En particulier, le recouvrement du globe terrestre par ces matériaux différents correspond à une épaisseur de 60 kilomètres de chondrites ordinaires, de 6 kilomètres de chondrites carbonées et (en tenant compte de la densité trois fois plus faible) de 2 kilomètres de comètes. La teneur en eau de la moyenne de ces objets peut être sommairement estimée : moins de 0,1 % pour les chondrites ordinaires, 5 % pour les chondrites carbonées, et 50 % pour les comètes, correspondant respectivement à une couche de moins de 60 mètres, 3 kilomètres et 1 kilomètre. Comme la profondeur moyenne de nos océans est voisine de 3 kilomètres, leur eau peut avoir été apportée pour 75 % par les chondrites carbonées et pour 25 % par les comètes. D'autres estimations donnent 50 % et 50 %. Même si l'incertitude numérique reste grande, l'existence de cette phase de l'accrétion n'est pas mise en doute, puisqu'elle est imposée par la mécanique céleste. Nous allons maintenant voir qu'elle est confirmée par l'inventaire des composés volatils des planètes terrestres.

19. Inventaire des composés volatils des planètes terrestres

Il convient d'abord de se demander si l'accrétion homogène initiale pourrait avoir déjà apporté une contribution de composés volatils. La réponse est négative comme on va le voir par l'argument suivant.

Nous ne possédons évidemment pas d'échantillon des planétésimales terrestres, et pour cause, puisqu'elles ont formé la Terre. La seule matière primitive connue se trouve dans les chondrites, et elles sont venues de la ceinture d'astéroïdes. Si les poussières qui les ont formées s'étaient trouvées à 1 U.A. avant de s'agglomérer (au lieu d'environ 2 U.A.), toutes les substances volatiles qu'elles contiennent auraient été vaporisées et perdues, y compris l'eau et les matières organiques. On peut donc raisonnablement croire que la partie homogène de l'accrétion n'a pas apporté de matières volatiles à la Terre, et l'argument est encore plus fort pour Vénus.

L'atmosphère et les océans terrestres ne peuvent donc pas être aisément expliqués sans l'accrétion hétérogène finale. D'ailleurs, il faut qu'il y ait eu un apport important de composés volatils après la formation de la Lune, car cette collision qui a dégazé la Terre s'est produite lorsque le noyau métallique de notre planète était déjà bien formé, c'est-à-dire vers la fin de l'accrétion.

Sur Vénus, la situation a l'air très différente. Mesurée par Venera 8, la température du sol était de 741 ± 7 K (environ 470 °C), ce qui exclut toute possibilité d'eau liquide sur Vénus. A son tour, l'atmosphère ne contient que des traces de vapeur d'eau : il y a *cent mille* fois moins d'eau sur Vénus que sur la Terre.

Une anomalie surprenante a pourtant été trouvée : le rapport du deutérium (hydrogène lourd) à l'hydrogène ordinaire est *cent* fois plus grand sur Vénus que sur la Terre, ce qui indique que l'eau ordinaire s'est échappée en grande quantité en concentrant l'eau lourde.

Il faudrait cent fois plus d'eau ordinaire pour diluer l'eau lourde à la valeur terrestre. Mais les processus de séparation naturels ne sont pas efficients et il est probable que beaucoup d'eau lourde s'est aussi perdue. Il y a donc sans doute eu des quantités d'eau du même ordre de grandeur sur Vénus que sur la Terre.

Les sondes Venera nous ont aussi appris qu'il y a d'énormes quantités d'anhydride carbonique (CO_2) sur Vénus. La pression atmosphérique est de 93 atmosphères, dont 97 % de CO_2 et 3 % de N_2. On constate avec surprise que le bilan du CO_2 terrestre n'est pas fondamentalement différent car, à la température de la Terre, le CO_2 forme dans l'eau de l'acide carbonique qui attaque les roches et forme des carbonates solides qui sédimentent. Il y a assez de carbonates sur Terre pour engendrer une pression de CO_2 de 60 atmosphères.

Comme la chaleur décompose les carbonates et libère le CO_2 sous forme de gaz, ils ne peuvent pas exister dans le sol de Vénus. On peut vérifier aussi d'une manière analogue que le bilan de l'azote est du même ordre de grandeur sur Vénus que sur la Terre.

On peut finalement conclure que les chondrites carbonées et les comètes ont apporté assez de carbone (sous forme de CO, CO_2, H_2CO, HCO-OH, etc.) et d'azote (N_2, NH_3, N_2H_4, amines, etc.) pour expliquer la totalité de ces atmosphères primitives.

Le cas de Mars mérite d'être considéré séparément, car son atmosphère est extrêmement ténue, environ 7 millibars, et est constituée de 95 % de CO_2, 3 % de N_2 et 2 % d'Ar. L'analyse des superpositions de cratères sur Mars suggère que les lits desséchés de rivières apparaissent tous dans des terrains anciens dont les âges s'échelonnent depuis 3,8 milliards d'années jusqu'à 2 milliards d'années. En ce temps-là, on peut présumer qu'une atmosphère épaisse de CO_2 était présente.

Cette atmosphère était capable de conserver des océans à l'état liquide. Une grande quantité d'eau est exigée pour expliquer non seulement l'érosion fluviale (Doc. 9) mais aussi le rapport D/H observé dans l'atmosphère martienne. Mesurée en 1988, la concentration de deutérium y est six fois plus grande que sur Terre, en dépit de la réserve d'eau toujours présente sous forme de glace dans les calottes polaires.

Si les quantités initiales de CO_2 étaient en proportion des masses des planètes, tenant compte aussi de la gravité plus faible, Mars aurait eu initialement une pression de 10 atmosphères de CO_2. C'est assez pour provoquer un « effet de serre » qui donne une température supérieure au point de congélation de l'eau et une pression capable de maintenir l'eau à l'état liquide.

Expliquons d'abord ce qu'on entend par « effet de serre ». La molécule de CO_2 forme un gaz transparent à la lumière solaire. Cette dernière peut donc atteindre le sol et l'échauffe. Mais le CO_2 est opaque au rayonnement thermique infrarouge qui s'échappe du sol. L'analogie avec les serres traditionnelles est évidente : dans leur cas, c'est la vitre des fenêtres qui est opaque à l'infrarouge et accomplit la même fonction. Dans les deux cas, l'énergie de la lumière solaire est prise au piège : elle peut entrer mais ne peut plus sortir.

A présent, la présence de CO_2 élève la température de Vénus de 450°, celle de la Terre de 40° et celle de Mars de 10° seulement. Il convient de dire que sur la Terre la vapeur d'eau participe aussi à l'effet total.

20. Evolution des climats

Pour décrire l'évolution divergente des climats de Vénus, la Terre et Mars, on peut partir de l'époque, il y a 3,8 milliards d'années, où l'accrétion touchait à sa fin. A ce moment, les trois planètes avaient des océans, des rivières et une épaisse atmosphère de CO_2. L'effet de serre élevait alors les températures d'environ 100 ° sur Terre et de 80 ° sur Mars.

Un facteur jouait pourtant dans l'autre sens. Le Soleil avait commencé à brûler son hydrogène en hélium et avait donc atteint la séquence principale. Les modèles d'évolution stellaire nous assurent qu'il était alors 25 % moins brillant qu'à présent : ceci correspond à une *diminution* de la température de la Terre sur l'ordre de 20°. Un effet de serre intense a donc été nécessaire pour empêcher les océans terrestres de *geler* ! L'évidence géologique existe : les océans sont toujours restés liquides. Cette évidence est sans doute la meilleure preuve que l'atmosphère d'alors était très différente et contenait beaucoup de CO_2.

Dans la suite de l'évolution, il est possible, puisque les trois planètes avaient toutes assez d'eau, qu'elles aient toutes trois transformé une partie de leur CO_2 en carbonates (par l'intermédiaire de l'acide carbonique). Mais sur Vénus, comme les océans étaient les plus chauds, la vapeur d'eau s'est élevée dans la haute atmosphère (sans rencontrer la « trappe » froide de notre stratosphère, qui oblige notre vapeur d'eau à se condenser en nuages à moins de 10 kilomètres d'altitude). Très haut dans l'atmosphère de Vénus, la vapeur d'eau a été dissociée en oxygène et hydrogène par la lumière ultraviolette du Soleil. L'hydrogène est léger et s'échappe immédiatement du sommet d'une atmosphère chaude. L'oxygène aura servi à différentes oxydations, comme celle qui a fait l'acide sulfurique concentré qu'on trouve dans les nuages de Vénus.

Lorsque l'eau de l'atmosphère de Vénus a été totalement enlevée, la température croissante ne pouvait plus alors que libérer le CO_2 des carbonates (sans recyclage possible car l'acide carbonique ne pouvait plus se former). Plus il y avait de CO_2, plus la température s'élevait et plus elle détruisait de carbonates, de sorte que l'effet de serre s'est emballé jusqu'à ce qu'il n'y ait plus de carbonates dans le sol : c'est la situation actuelle.

Sur Mars, les pertes atmosphériques ont été considérables pendant toute l'évolution à cause de la gravité très faible, aidée par une température initiale plus élevée et peut-être aussi par les dernières grandes collisions. L'effet de serre a progressivement diminué et la température est devenue suffisamment basse pour atteindre un état quasi stationnaire ; une fraction du CO_2 se condense alternativement, selon la saison, sur l'une ou l'autre des calottes polaires, recouvrant les glaciers permanents d'un givre transitoire de neige carbonique. La condensation du CO_2 provoque une fluctuation saisonnière de 20 % dans la pression atmosphérique. La possibilité qu'il reste sur Mars de grands dépôts de carbonates enfouis dans le sol est une question qui sera un jour résolue par l'exploration de cette planète.

Sur Terre, un climat plus tempéré s'est progressivement établi par la transformation lente du CO_2 atmosphérique en carbonates (due à la présence de l'eau), ce qui a provoqué la lente diminution de l'effet de serre initial. Au début, la Terre était sans doute entièrement recouverte par un grand océan : les premiers socles continentaux ont émergé il y a 4 milliards d'années, et l'accrétion était à peu près finie il y a 3,8 milliards d'années.

21. Apparition de la vie sur Terre

Il y a 3,4 milliards d'années, un phénomène entièrement nouveau venait d'apparaître : dans la tiédeur des océans de l'époque, de minuscules micro-organismes monocellulaires se reproduisaient et se multipliaient. Ils se nourrissaient en provoquant la fermentation de matières organiques produites par la lumière solaire ou amenées par les comètes. Des exemples modernes sont la bactérie de l'acide lactique, Lactobacillus, ou certaines bactéries sulfureuses qui réduisent les sulfates en H_2S ou en FeS. Après une longue évolution, des bactéries apprenaient à se servir de la photosynthèse. C'étaient des algues bleues monocellulaires, qui « mangeaient » le CO_2 atmosphérique en le dissociant grâce à la lumière solaire, et rejetaient l'oxygène qui était un poison pour elles : pour la première fois, des traces d'oxygène apparaissaient dans notre atmosphère.

Les algues bleues s'étaient multipliées à profusion il y a deux milliards d'années, de sorte qu'à cette époque il y avait déjà sans doute 1 ou 2 % d'oxygène dans l'atmosphère. C'est pourtant seulement il y a 600 millions d'années que se produisait une véritable explosion de nouvelles formes de vie : le développement d'animaux multicellulaires, dont les traces géologiques sont devenues rapidement très abondantes grâce à leurs coquilles de phosphates ou de calcaire. Comme tous ces animaux vivaient dans l'eau, les continents restaient stériles et complètement désertiques.

Il y a 350 millions d'années, les premières plantes et les premiers animaux émergeaient de l'eau pour coloniser et envahir les continents. Succédant aux algues bleues, les plantes utilisaient la lumière solaire pour convertir le CO_2 en aliments ; ce faisant, elles produisaient rapidement la totalité de l'oxygène actuel, diminuant de ce fait la teneur atmosphérique du CO_2 jusqu'à sa très faible valeur actuelle.

L'oxygène est non seulement un *poison* que les plantes rejettent, mais c'est une anomalie en déséquilibre chimique avec le reste de la biosphère. Le feu se charge de temps en temps de diminuer cette anomalie. Pourtant, des parasites de la végétation ont appris à se servir de ce gaz dangereux en le respirant ; ce sont les animaux, et c'est aussi : *nous-mêmes*.

22. *Stabilisation du climat*

L'existence de l'eau à l'état liquide fait de la Terre une planète exceptionnelle à plusieurs égards. Un aspect qui n'est pas toujours apprécié à sa juste valeur est son rôle avec le CO_2 dans la stabilisation du climat. La pluie dissout le CO_2 atmosphérique et forme de l'acide carbonique dilué. Cet acide attaque les rochers et produit des carbonates, qui finissent par sédimenter dans le fond des océans. Après de nombreux milliers d'années, les sédiments océaniques sont poussés sous les seuils continentaux ; ils y provoquent la croissance de chaînes de montagnes et l'apparition de volcans. La température élevée de la lave détruit les carbonates, de sorte que les éruptions volcaniques en recyclent le CO_2 dans l'atmosphère. Ce cycle du carbone, qui passe du CO_2 aux carbonates puis retourne au CO_2, est évidemment très lent, peut-être près d'un million d'années, mais il a tendance à stabiliser le climat pour toutes les fluctuations qui sont assez lentes.

La raison est qu'il produit une rétroaction négative. En effet, si la température des océans augmente, leur évaporation s'accroît et il y aura plus de pluies. Les pluies recycleront plus de CO_2 dans les carbonates sédimentaires ; la diminution du CO_2 dans l'atmosphère diminuera l'effet de serre, freinant l'élévation de température.

Réciproquement, une diminution de la température des océans produit moins de pluies, donc plus de CO_2 dans l'atmosphère, un effet de serre plus grand et un freinage du refroidissement.

Puisque la vie utilise le carbone, son apparition sur terre a forcément interféré avec ce phénomène. La première interférence sérieuse date des coquillages marins, puisqu'ils utilisent de grandes quantités de carbonate calcique. Ceci freine le cycle du carbone mais ne l'arrête pas puisque les coquillages finissent par être recyclés dans les sédiments du fond des mers.

Par contre, l'interférence des plantes est beaucoup plus sérieuse. Depuis trois cent millions d'années, les plantes détournent environ un quart du CO_2 disponible pour leur propre usage. Quand elles meurent, une partie des matières organiques se décompose : le carbone qui s'oxyde retourne au CO_2 ; mais une fraction ne s'oxyde pas et s'est accumulée au cours des centaines de millions d'années dans de grandes réserves de charbon et de pétrole.

Si le climat actuel est tempéré, c'est donc bien parce que les plantes (sans doute surtout les plantes tropicales luxuriantes qui ont dominé l'époque Carbonifère) ont diminué considérablement l'effet de serre du CO_2 atmosphérique, en enfouissant de grandes quantités de carbone dans le sol.

En ce moment, nos besoins excessifs en énergies de tous genres nous font brûler très rapidement tout ce charbon et tout ce pétrole, de sorte que les cheminées de nos centrales électriques et les pots d'échappement de nos autos restituent le CO_2 à l'atmosphère. Cette dernière, qui contenait seulement 0,027 % de CO_2 au début du siècle, en contient à présent déjà 0,034 % et l'effet s'accélère. L'effet de serre augmente et le climat global est à peu près d'un degré plus élevé qu'il y a cent ans. A cause de la présence des océans, il est difficile de faire le bilan de toutes les rétroactions à courte et à longue échéance ; comme il faut tenir compte de nombreux facteurs, il est facile d'en négliger un essentiel. Si la rétroaction totale reste négative, nous en serons quittes dans deux ou trois siècles à nous adapter à un climat tropical de 10 à 12 degrés plus chaud sur toute la Terre.

Si la chaleur croissante continue à décomposer de plus en plus de carbonates en CO_2, l'élévation de température pourrait s'emballer et transformer la Terre en une fournaise, les océans étant évaporés. La situation pourrait donc devenir catastrophique en très peu de siècles. Nous commençons seulement à comprendre le problème, et il nous reste un bon demi-siècle pour le résoudre avant qu'on atteigne une situation qui pourrait devenir irréversible.

Comme, de toute façon, nous n'avons plus que pour quelques vingtaines d'années de pétrole et pour quelques siècles de charbon, il serait raisonnable de freiner notre consommation et de penser à changer nos sources d'énergie, tout en protégeant la végétation et en agrandissant nos forêts. Puisque le deutérium est abondant dans l'eau de nos océans, espérons que la fusion nucléaire nous permettra bientôt de l'utiliser comme source primaire d'énergie. A longue échéance, la meilleure solution reste d'ailleurs l'énergie solaire qui à notre échelle est inépuisable.

Dans le même ordre d'idées, nous avons découvert récemment que les déchets des activités humaines commencent à peser dans la balance. Non seulement nous changeons la teneur de l'air en CO_2, mais nous y ajoutons des aérosols qui perturbent la transparence ou l'opacité globale de l'atmosphère en infrarouge, dans le visible ou dans l'ultraviolet. Le dernier en date de ces effets est la disparition progressive de la couche protectrice d'ozone, attribuée à une réaction chimique des fluorocarbures, commencée dans l'Antarctique et qui se propage lentement mais sûrement au monde entier. Ces effets se propagent avec des durées extraordinairement courtes quand on les compare aux phénomènes naturels.

C'est grâce à la planétologie comparée que nous avons commencé à tenter de comprendre un tant soit peu la nature de ces problèmes. Ainsi, comme c'est souvent le cas, c'est une science pure parfois considérée comme « inutile » qui est amenée par hasard à nous démontrer combien notre atmosphère est fragile et combien une compréhension profonde de son écologie peut devenir fondamentale pour la survie de notre espèce.

23. *Origine de la vie*

Comment la vie a-t-elle pu apparaître sur la Terre ? Il serait difficile de se tourner d'abord vers les formes les plus primitives de la vie, parce que nous ne savons pas ce qui a précédé les premières bactéries — mais ce n'est pas nécessaire. Il suffit de constater d'abord combien toutes les formes de la vie sont les mêmes. On pourrait objecter que les formes les plus évoluées présentent une complexité qui défie l'imagination, mais si l'on se borne à les considérer du point de vue chimique, elles sont extraordinairement semblables aux formes les plus primitives.

Une rose et un éléphant, une bactérie et un palmier, une algue bleue et un homme utilisent tous les mêmes atomes à peu près dans les mêmes proportions : environ 62 % d'hydrogène, 27 % d'oxygène, 8 % de carbone, 2 % d'azote, 0,1 % de phosphore et 0,1 % de soufre ; ah oui, pour les vertébrés, un peu de calcium pour les os. Et puis, des traces de quelques métaux. Un peu de fer pour que le sang des animaux soit rouge ; un peu de magnésium pour que la chlorophylle des plantes soit verte.

Ces atomes sont organisés en molécules : d'abord de l'eau, 80 % en poids pour nous rappeler que toutes les formes de la vie sont récemment sorties de la mer. Ensuite, vingt types différents d'acides aminés, dont 18 sont faits au départ d'hydrogène, oxygène, carbone, azote ; les deux derniers ont besoin d'un ou de deux atomes de soufre. Enfin, les acides aminés sont attachés ensemble en longues chaînes moléculaires, qu'on appelle des protéines.

Il y a des milliers de types de protéines différentes, mais c'est seulement parce que l'*ordre* des acides aminés dans la chaîne est différent ; c'est cet ordre qui décide des propriétés de la protéine. Il y a des protéines structurelles (comme celles des muscles) mais il y a aussi des protéines qui choisissent et orientent les réactions chimiques (les enzymes).

Lors de l'assemblage des acides aminés, leur ordre dans chaque protéine est choisi par un mécanisme qui utilise les informations placées le long d'un acide nucléique. L'acide nucléique est un ruban de molécules d'une nature différente (il vient en deux variétés, l'ADN et l'ARN). Les maillons de l'acide nucléique sont semblables mais pas identiques : c'est l'alternance irrégulière de molécules différentes qui contient les instructions pour le choix des acides aminés des protéines. Ces molécules différentes sont au nombre de quatre seulement (avec une variante dans l'ARN). Elles proviennent de deux familles différentes de molécules : deux purines et deux pyrimidines. Insistons de nouveau sur le fait que ces molécules ne contiennent que quelques atomes d'hydrogène, d'oxygène, de carbone et d'azote ; c'est leur arrangement dans les molécules qui fait toute la différence.

Ces détails moléculaires et ces mécanismes, y compris le code de traduction des acides nucléiques en protéines, sont les mêmes pour toutes les formes de la vie. Cette similitude chimique profonde suggère que c'est d'une unique souche commune que toutes les formes de la vie ont évolué et divergé. Cette divergence progressive de l'évolution est confirmée non seulement par la paléontologie, mais aussi par l'ordre des séquences des acides aminés dans les protéines venant de plantes ou d'animaux différents. Cet ordre permet de reconstruire les arbres généalogiques des différentes espèces, y compris le moment où les espèces se sont séparées, dans le passé, de la branche commune.

En résumé, la vie est bâtie chimiquement avec moins de trente molécules différentes, les vingt acides aminés, quelques purines et pyrimidines, et deux ou trois autres molécules dont nous n'avons pas parlé parce que leur rôle est moins fondamental (phosphates, sucres, lipides). C'est bien entendu la grande variété possible des combinaisons de ces molécules entre elles qui provoque le foisonnement extraordinaire des formes de la vie.

Depuis les expériences d'Urey et Miller qui ont ouvert la voie, il y a une trentaine d'années, on a pu vérifier que toutes les molécules utilisées par la vie peuvent être produites spontanément au départ de molécules plus simples encore, comme l'eau, l'ammoniac NH_3 ou l'acide cyanhydrique HCN comme source d'azote, le méthane CH_4 ou le formaldéhyde H_2CO comme source de carbone ; bien entendu, ceci suppose l'existence de conditions favorables, qu'on a eu tendance à chercher sur la Terre primitive : les océans, une atmosphère réductrice contenant un excès d'hydrogène, les décharges électriques de la foudre, ou la lumière ultraviolette du Soleil comme source d'énergie, etc.

Mais voilà qu'on a découvert que ces molécules existent déjà dans les chondrites carbonées et peut-être dans les comètes ! Ce n'est pas si étonnant puisque la molécule d'eau, celle d'acide cyanhydrique et celle de formaldéhyde existent en grande abondance partout dans l'espace interstellaire. On a même une identification possible de la glycine — le plus léger des acides aminés — dans l'espace interstellaire. Peut-être bien que les acides aminés, les purines et les pyrimidines y existent en abondance, formés par cette chimie étrange à très basse température dont on commence seulement à comprendre les mécanismes. Peut-être se sont-ils formés ultérieurement, au cours de ce long processus qui a amené des grains givrés dans le disque d'accrétion du Soleil.

L'essentiel, c'est que de nombreux acides aminés incluant la plupart de ceux utilisés par la vie existent dans les chondrites carbonées. Les purines et les pyrimidines y sont également présentes. Dans la comète de Halley, le spectromètre de masse de la sonde soviétique Véga a détecté dans les poussières des fragments moléculaires qui constituent la signature des purines et des pyrimidines. Par ailleurs, la fin hétérogène de l'accumulation des planètes est un mécanisme qui semble avoir apporté de grandes quantités de chondrites carbonées et de comètes sur la surface des planètes terrestres.

On aurait pu s'attendre à ce que toutes ces molécules soient détruites par la chaleur développée par les impacts des planétésimales sur les planètes terrestres. La nature s'est elle-même chargée de nous démontrer que ce n'est pas inévitable, puisque les acides aminés, les purines et les pyrimidines sont toujours présents dans les chondrites carbonées, qui ont bien dû entrer dans notre atmosphère, puisqu'elles sont dans nos musées. Leur surface est un bon isolant thermique, de sorte que leur intérieur n'a pas été chauffé ; seules les couches superficielles ont été portées à haute température par le freinage énergique de notre atmosphère.

Nous savions déjà que la plupart des atomes présents dans la matière vivante ont été créés au cœur des étoiles. Voilà maintenant qu'il semble que tous les précurseurs chimiques de la vie ont été apportés du ciel par un peu de poussière d'étoiles, couverte de givre interstellaire.

Ainsi, il semble bien qu'ici, sur Terre, cette poussière d'étoiles, qui a pris progressivement conscience de sa propre existence, soit déjà prête à repartir à la conquête du Cosmos, à la découverte de ses origines.

BIBLIOGRAPHIE

La plupart des idées exposées dans le chapitre précédent n'ont pas encore atteint le grand public parce qu'elles sont disséminées dans des publications scientifiques spécialisées où certaines continuent à susciter des controverses de détail. Quelques synthèses partielles ont pourtant été tentées ; la plupart sont en anglais. Tout ce qui date de plus de dix ans est complètement périmé. Pour ceux qui désirent comprendre plus en détail les modèles et les controverses actuelles, voici quelques références :

1. Origine du système solaire :

S. Dermott, edit., *The Origin of the Solar System*, New York, John Wiley, 1978. Ce livre donne une idée de la confusion qui existait encore il y a dix ans.

A. Brahic, edit., *Formation des Systèmes Planétaires*, Paris, CNES, 1982. Attention : malgré les titres bilingues, tout le reste est en anglais.

D. Black et M. S. Matthews, edit., *Protostars and Planets II*, Tucson, Univ. Arizona Press, 1985 ; 1 293 pages. Le scénario général commence à apparaître.

2. Rôle des météorites :

J. Wasson, *Meteorites : their record in Solar System History*, San Francisco, Freeman, 1985.

3. Rôle des comètes :

C. Ponnamperuma, edit., *Comets and the Origin of Life ;* Doordrecht, Reidel, 1981. Notamment, chapitre par A. H. Delsemme, p. 181.

A. H. Delsemme, *Les Comètes et l'Origine de la Vie*, dans « *l'Astronomie* », *Revue de la Société Astronomique de*

France, 1re partie, pp. 293-304, vol. 95 (juin 1981), et 2e partie pp. 381-395, vol. 95 (sept. 1981) (en français !).

4. Surfaces des planètes terrestres :

B. Murray, M. Malin and R. Greeley, *Earthlike Planets*, San Francisco, Freeman, 1981.

5. Intérieurs des planètes :

W. B. Hubbard, *Planetary interiors*, New York, van Nostrand-Reihold, 1981.

TABLE II

NATURE DES PLANÈTES ET DES SEPT GRANDS SATELLITES DU SYSTÈME SOLAIRE

	Distance (en U.A.)	*Diamètre* (Terre = 1)	*Masse* (Terre = 1)	*Densité* (eau = 1)	*Nature*[1]
Mercure	0,39	0,38	0,06	5,4	fer, silicates
Vénus	0,72	0,95	0,82	5,3	silicates, fer
La Terre	1,00	1,00	1,00	5,5	silicates, fer
Lune	—	0,27	0,012	3,3	silicates
Mars	1,52	0,53	0,107	3,9	silicates, FeS
Jupiter	5,20	11,20	318,00	1,3	hydrogène, hélium
Io	—	0,29	0,015	3,6	silicates
Europe	—	0,25	0,008	3,0	silicates, glace
Ganymède	—	0,41	0,025	1,9	glace, silicates
Callisto	—	0,38	0,018	1,8	glace, silicates
Saturne	9,54	9,50	95,22	0,7	hydrogène, hélium
Titan	—	0,40	0,022	1,9	glace, silicates
Uranus	19,18	4,1	14,55	1,2	glace, H, He
Neptune	30,06	3,9	17,23	1,6	glace, H, He
Triton	—	0,24	—	—	glace, silicates
Pluton	39,44	0,2	0,02	1,7	glace, silicates

1. La substance la plus abondante est notée en premier lieu.

TABLE III

ABONDANCES COSMIQUES DES ÉLÉMENTS PRINCIPAUX (EN % DE MASSE)

Origine des gaz permanents		*Origine des « neiges » volatiles*		*Origine des roches* (silicates)	
Hydrogène	70,0	Oxygène	0,92	Fer	0,12
Hélium	28,0	Carbone	0,34	Silicium	0,07
Néon	0,2	Azote	0,12	Magnésium	0,06
				Soufre	0,04
TOTAUX	98,2		1,38		0,29

La somme des 82 éléments manquants représente seulement le dernier 0,13 %.

Note : un peu d'hydrogène va dans les neiges volatiles ; de même, un tiers de l'oxygène disponible va dans les silicates.

TABLE IV

COMPOSITION DES PLANÈTES GÉANTES, EN UNITÉS DE LA MASSE DE LA TERRE

PLANÈTE	H	+	He	=	MANTEAU	CNO	+	MÉTAUX	=	NOYAU	TOTAUX
Jupiter	221	+	67	=	288	21	+	8	=	29	317
Saturne	61	+	15	=	76	14	+	5	=	19	95
Uranus	1,3	+	0,3	=	1,6	9	+	4	=	13	14,6
Neptune	1,6	+	0,3	=	1,9	11	+	4,4	=	15,4	17,3

A un facteur 2 près, les noyaux des planètes géantes ont le même ordre de grandeur. Ils représentent sans doute les embryons primordiaux de neiges volatiles et de silicates. Pour Jupiter et Saturne, la masse était suffisante pour provoquer un effondrement gravitationnel du gaz nébulaire ; pour Uranus et Neptune, le gaz nébulaire était sans doute déjà dissipé.

TABLE V

NOMBRE DE CRATÈRES SUR LA LUNE PAR MILLION DE KM²

Région	*Age* (en milliards d'années)	*Cratères* (nombre/10^6 km²)
Hauts plateaux	plus de 4,0	1 000
Fra Mauro (Apollo 14)	3,9	130
Apennins (Apollo 15)	3,8	95
Mare Tranquillit (Apollo 11)	3,7	50
Mare Fecunditat (Luna 16)	3,4	20
Mare Procellar (Apollo 12)	3,3	20
Cratère Copernicus	0,9	10
Cratère Tycho	0,2	2

Les âges radioactifs déterminés par les missions Apollo et Luna établissent quand les cratères plus anciens ont été oblitérés, notamment par les coulées de lave qui ont créé les « Maria ». Le nombre de cratères observés correspond donc au bombardement de la Lune depuis cette époque. On voit combien ce bombardement a ralenti au cours des temps.

TABLE VI

CHRONOLOGIE APPROXIMATIVE DU SYSTÈME SOLAIRE

(Pour les dates incertaines, un choix arbitraire s'efforce de respecter l'ordre chronologique des événements connus.)

	Ages en millions d'années	*Evidence empirique*
Explosion d'une supernova très voisine	– 2	Allende (Mg 26)
Début de l'effondrement gravitationnel	– 2	nodules nébulaires
Début du disque d'accrétion	– 0,1	bêta Pictoris
Masse et luminosité maximum du Soleil	– 0,01	évolution stellaire
Sédimentation des poussières	– 0,001	grains dans chondres
Agglomération des poussières il y a 4,56 milliards d'années	AGE ZÉRO	âge radioactif des chondrites
Formation des 10^{12} planétésimales (taille 10 km)	+ 0,001	séparation du gaz
Agglomération en milliers d'objets comme la Lune et gros embryons (Jupiter, Saturne)	+ 0,1	perturbations dans la ceinture d'astéroïdes

Effondrement gazeux sur proto-Jupiter et Saturne	+ 0,5	leur composition
Agglomération des protoplanètes terrestres	+ 1	âge de la Terre
Maximum de l'ouragan T Tauri du Soleil	+ 2	jeunes étoiles T Tauri
Fin de la dissipation du gaz de la nébuleuse solaire	+ 3	raréfaction gaz nobles
Fin du vent T Tauri ; luminosité solaire minimum	+ 10	évolution stellaire
Dernières collisions entre objets comme Mars : formation de la Lune et du Mercure actuel ; grandes collisions dissipent les atmosphères primitives	+ 100	densités de la Lune et de Mercure
Début de l'accrétion hétérogène sur Terre	+ 100	océans et carbonates
Derniers grands bassins d'impact	+ 700	âge de Mare Imbrium
Ejection de Pluton et Charon par Neptune ?	+ 900 ?	objet lunaire requis pour perturbation
Fin de l'accrétion hétérogène sur Terre ; fin de l'accrétion sur Neptune ; fin de la constitution du nuage d'Oort (comètes)	+ 1 000	âge des jeunes cratères lunaires

A présent, seules les comètes et certains astéroïdes sont encore sur des orbites instables. Les comètes à longue période reviennent du nuage d'Oort, tandis que les comètes à courte période proviennent de la ceinture de Kuiper, résidu du disque d'accrétion situé au-delà de Neptune.

L'ÉVOLUTION DES ÉTOILES

Jean-Claude Pecker

INTRODUCTION

D'ARISTOTE À TYCHO BRAHÉ

Ce n'est qu'au XVIIe siècle que Galilée, le premier, utilisa une lunette pour regarder le ciel et observer les astres. Auparavant, c'était l'œil nu des bergers, des marins, des guerriers, des astronomes aussi, qui, à lui seul, avait permis d'établir une sorte de carte céleste assez rudimentaire. Les étoiles (un millier) y formaient des constellations assez reconnaissables : ici, le Petit Chariot, et là, le Grand ; là, les Pléiades serrées les unes contre les autres et là, la croix du Grand Cygne ouvrant ses larges ailes. Puis, traversant le ciel, ce nuage permanent, la Voie Lactée. Bien sûr, les contes et les mythes de chaque époque se sont trouvé des échos sur le ciel étoilé : les Pléiades sont pour les bergers provençaux la Poussinière, qu'évoque si joliment le pâtre d'Alphonse Daudet ; et Persée, tenant à la main la tête de Méduse, va délivrer Andromède... La Voie Lactée est-elle un jet du lait d'Amalthée, la nourrice de Jupiter ou, plus chrétiennement, le chemin de saint Jacques, tracé par son bâton lancé en l'air pour lui montrer la route de l'Evangile ?

Ce ciel, reconnaissable, immuable, était la toile de fond de toutes les passions, tout comme les Dieux éternels étaient les témoins des joies et des douleurs de l'homme. Sur le fond des étoiles fixes ne se déplaçaient que nos deux luminaires, Soleil et Lune, et les cinq planètes olympiennes, Mercure, Mars, Vénus, Jupiter et Saturne. Leurs mouvements précis, calculables, prévisibles et prévus, donnaient matière à réfléchir aux astrologues et aux princes leurs clients.

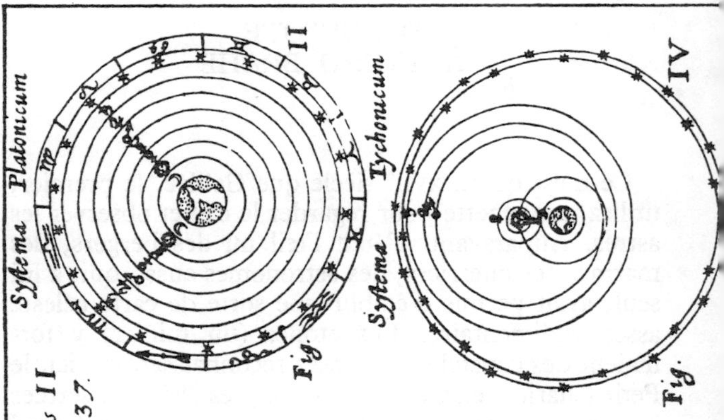
Systema Ptolemaicum
Fig. I
Iconismus II
pag 37.
Systema Platonicum
Fig. II
Systema Ægyptiacum
Fig. III
Systema Tychonicum
Fig. IV

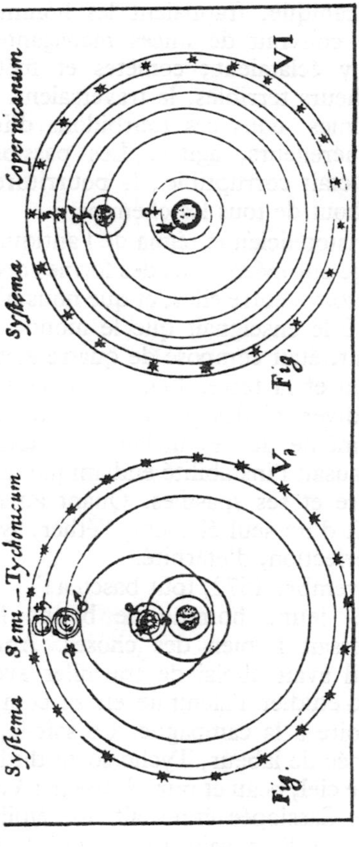

L'univers médiéval. Le ciel étoilé est l'ultime toile de fond, de Ptolémée à Copernic, et indépendamment des orbes planétaires. Kircher (Athanasius), Iter exaticum coeleste, Herbipoli, 1660 (Collection Observatoire de Paris).

Ce monde astral, au-delà de la Lune, était parfait. Comme le divin, tout y était éternel ; les mouvements s'y continuaient et la toile du firmament formait un décor sans faille.

En deçà, le monde sublunaire était, lui, imprévisible. De temps à autre, de grandes catastrophes, déluge ou éruption volcanique, frappaient les hommes ; la voûte céleste se couvrait de nuées menaçantes ; de violents orages y éclataient ; comètes et météores, présages de malheurs terribles, la traversaient. Et les hommes eux-mêmes, dans ces tourbillons d'incertitude, étaient querelleurs, agités. Les passions les habitaient ; tout était corruptible ; la pourriture et la mort étaient au bout de tous les chemins.

La doctrine aristotélicienne régna de l'antiquité à la fin du Moyen Age européen (sous des formes diverses, parfois contradictoires entre elles, et que nous n'analyserons pas ici). Elle enseignait que le monde sublunaire, si imparfait, était composé de quatre éléments, l'eau, l'air, le feu et la terre. Leurs mélanges variés expliquaient la diversité des phénomènes terrestres ; c'est la nature même de ces mélanges, impurs par définition, qui causait l'instabilité endémique de notre monde sublunaire et ses spasmes. Quant au monde astral, il était fait d'un seul élement, l'éther, symbole de pureté, de perfection, d'éternité.

Un soir de novembre 1572, tout bascula !

Tycho Brahé, jeune homme de bonne famille danoise, s'intéressait à bien des choses. Après de solides études, il avait choisi de travailler avec son oncle Steen et d'étudier l'alchimie en sa compagnie dans un laboratoire à la campagne. Ce soir-là, après une longue journée de labeur, Tycho sortit du laboratoire et regarda le ciel, beau et pur. Stupeur : à côté de l'étoile Dzêta de Cassiopée étincelait une étoile brillante qui n'était pas là la veille ! Comète ? Météore ? L'étoile nouvelle semblait fixe par rapport aux autres étoiles de la constellation. Le lendemain, elle n'avait toujours pas bougé. Des semaines durant, elle resta au même endroit. Or la Lune, d'une nuit à l'autre, parcourt une trajectoire très notable, sur plus de dix degrés. Cette comparaison prouvait que l'étoile nouvelle n'appartenait pas au monde sublunaire et qu'elle était beaucoup plus éloignée que la Lune. Comme le nôtre, le monde astral aurait donc ses crises ? Il fallait bien se rendre à l'évidence : celui-ci était déchu de son impassible immortalité ! L'Univers était un, et partout, là-haut comme ici-bas, soumis à une inéluctable évolution.

CHAPITRE PREMIER

ÉVIDENCE ET NÉCESSITÉ DE L'ÉVOLUTION STELLAIRE

1. L'évidence

Evidemment, il est rare de voir, comme Tycho Brahé, une étoile exploser sous ses yeux. L'évolution stellaire est, de façon générale, très lente. Sur des millions et même parfois des milliards d'années, elle nous serait sensible. Mais nous n'avons pas le temps d'attendre ! Comment savons-nous alors que toutes les étoiles évoluent, tout comme l'étoile nouvelle de Tycho ?

Certes, nous connaissons des étoiles « variables » et « actives ». Elles sont légion. Leur éclat peut aller jusqu'à varier d'un facteur 100 ou 1 000 (5 à 7,5 magnitudes) entre les phases les moins et les plus brillantes. Cette variation est souvent périodique. Mais, après tout, une étoile variable « à éclipses » — comme Algol — ou une étoile « pulsante » comme Delta Cephei — peuvent bien continuer l'une à tourner, l'autre à pulser, tout le temps qu'elles voudront ! Et si le Soleil est « actif », il n'est pas *a priori* évident que cette activité ait varié dans son comportement depuis des millions, voire des milliards d'années.

Non, il n'y a pas eu, jusqu'à ces toutes dernières années, d'observation *directe* mettant en évidence la naissance, les phases successives de l'évolution, ou la mort d'une seule étoile. Cependant, un raisonnement très simple, et qui date de plus d'un siècle, montre bien qu'une étoile ne saurait être éternelle.

Posons-nous par exemple le problème de l'âge du Soleil. Le Soleil a-t-il toujours été, de toute éternité, pareil à lui-même ? Non, car *le Soleil rayonne*. En rayonnant, il perd de l'énergie, sous forme de lumière. Energie perdue, que l'on peut mesurer. En effet, chaque centimètre carré de surface éclairée perpendiculairement par les rayons du Soleil au voisinage de la Terre reçoit pendant chaque minute une énergie de 2 calories[1]. Ce qui veut dire, après calculs, que la luminosité du soleil est énorme : 4 10^{33} ergs chaque seconde. Pour grosse que soit cette énorme boule, notre Soleil ne peut garder en stock qu'une quantité d'énergie limitée : il faudra bien qu'un jour ses réserves s'épuisent, tout comme il a bien fallu qu'avant la période actuelle (pendant laquelle le Soleil rayonne), il n'ait pas existé. En somme, une étoile ne peut avoir une espérance de vie infinie et ne peut pas non plus avoir un âge infini.

2. *L'évidence directe*

On voit donc que les processus physiques, qui entretiennent d'une part le rayonnement des étoiles et d'autre part la quantité d'énergie stockée, déterminent également leur durée de vie. Quels sont les processus moteurs de l'évolution ?

Nous répondrons plus tard à cette question. Il faut d'abord évoquer au préalable les preuves « directes », découvertes tout récemment, de l'évolution des étoiles.

L'une de ces preuves est de nature dynamique. On voit dans notre Galaxie d'imposantes familles stellaires, les amas. On connaît des « amas globulaires », riches de milliers d'étoiles, serrées comme en un essaim homogène et inséparable (c'est le cas par exemple de l'amas globulaire d'Hercule). On en voit aussi de plus ou moins serrés, dits « amas ouverts » ou

1. Voir Appendice I, unités, Appendice II, grandeurs fondamentales, p. 199-201. Le texte ne comporte que des ordres de grandeur, afin d'en alléger la lecture.

« galactiques », dont les Pléiades ou les Hyades constituent des exemples typiques ; nombreux dans notre Galaxie, ils ne semblent pas avoir évolué depuis le Moyen Age.

En revanche, il existe aussi des « *associations stellaires* », découvertes par l'astronome soviétique Ambartsumian, qui ne contiennent qu'un petit nombre d'étoiles, de caractéristiques identiques et dont on peut voir, par la vitesse qui les anime, qu'elles se séparent vite les unes des autres, semblant s'écarter d'un centre unique où, peut-être, elles seraient apparues ensemble. Le calcul (il suffit de remonter dans le temps) fixe à ces associations un âge de l'ordre de quelques millions d'années, ce qui les ferait mille fois plus jeunes que notre Terre elle-même ! (Fig. p. 127.)

Mais ce n'est pas tout. On observe aujourd'hui des phénomènes plus extrêmes encore, naissances ou morts d'étoiles.

Les étoiles ne sont pas isolées dans le vide. Les belles photographies du ciel obtenues dans les observatoires du monde entier nous montrent des nuages rouges ou bleus de gaz de poussières, aux formes étranges et tordues, ténus certes, mais au sein desquels les étoiles apparaissent comme des condensations brillantes de matière. Il est naturel de penser qu'entre ces nuages et les étoiles qu'ils contiennent existent des interactions, des relations évolutives. Et la physique montre aussi (voir ci-après, paragraphe III) que, sous l'effet de son poids, toute masse gazeuse ténue doit se condenser en une ou plusieurs nodosités, futures étoiles, « protoétoiles » comme l'on dit maintenant. Où chercher ces objets, s'ils sont encore à peine des étoiles ? On sait que les grands nuages interstellaires, froids, sont riches en molécules ; on y trouve notamment la molécule très stable CO, détectée par les radioastronomes à la longueur d'onde de 2,6 millimètres. C'est d'ailleurs en la recherchant que l'on a détecté ces grands nuages moléculaires. En leur sein, des associations ont été observées. Opaques en lumière visible, ces nuages sont transparents dans le domaine infrarouge, et ce d'autant plus que la longueur d'onde est grande. Le satellite IRAS, observant dans les longueurs d'onde de l'infrarouge lointain, pénètre donc les plus opaques d'entre eux. Et il y a détecté effectivement des protoétoiles encore froides, mais déjà bien condensées. L'exemple classique est le nuage qui entoure l'étoile bien connue ρ Ophiuchi. Certes, il ne nous a jamais encore été possible de voir *une* étoile en état de condensation, en train de se former. Mais une telle formation s'accompagne de nombreux autres phénomènes secondaires, explosifs et beaucoup plus spectaculaires, qui, eux, ont été souvent mis en évidence.

A l'autre bout de la chaîne, du côté de la mort stellaire, nous avons aussi quelques observations directes immédiates mais, dans chaque cas, correspondant à un instant unique de la vie stellaire. Nous assistons à des explosions, comme celle de la supernova de Tycho Brahé, ou celle observée en 1054 par les astronomes chinois (qui ne fut connue des astronomes occidentaux qu'au début de ce siècle). Elles sont accompagnées de trois phénomènes remarquables et observables :

En premier lieu, une masse importante de gaz est éjectée par l'étoile qui vient d'exploser. C'est ainsi que le résidu splendide de la supernova de 1054 constitue la nébuleuse du Crabe qui étend dans l'espace ses grands filaments tordus à la vitesse de 1 000 km par seconde ; que celui d'une supernova bien plus ancienne nous vaut la Dentelle du Cygne ou encore que nous pouvons admirer le nuage de Cassiopée, lui aussi en expansion. On observe ces phénomènes dans divers domaines spectraux, des rayons X au domaine radio, ce qui prouve bien qu'ils véhiculent une énergie importante et que leur rayonnement est dû à des processus complexes qui ne sont pas uniquement liés à la température de gaz émissifs, mais qui exigent des particules de haute énergie, des champs magnétiques et des phénomènes non thermiques importants.

En second lieu, on observe qu'une fois les feux apaisés est apparu, à la place de la supernova, un « pulsar », étoile très petite, en rotation très rapide :

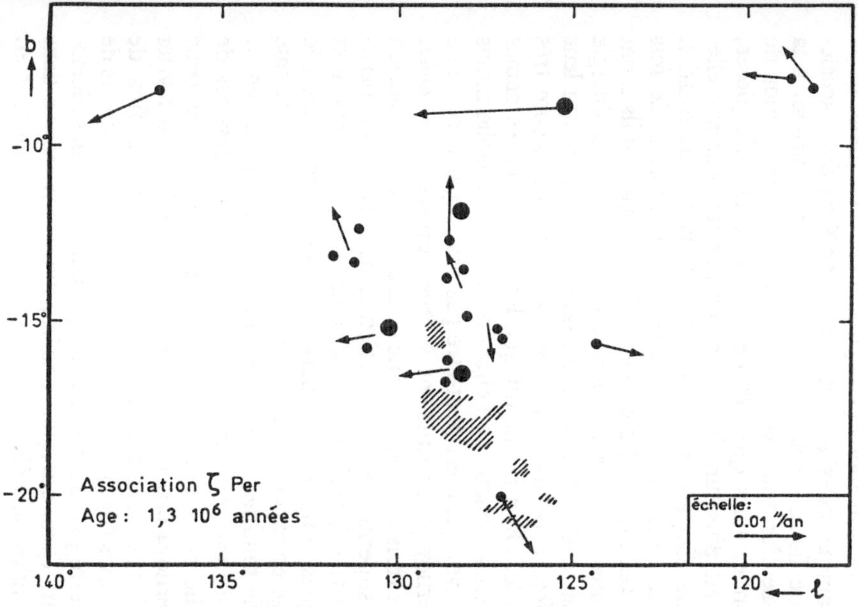

L'association de Dzêta Persei. Les flèches indiquent le mouvement propre de chacune des étoiles de l'association, ce qui permet de déterminer l'âge le plus probable de l'association : 1,3 million d'années.

après épuisement de l'énergie disponible, rien ne peut en effet empêcher l'effondrement d'une étoile mourante. Et l'on observe alors que cette étoile de remplacement, véritable avorton, est bien tout ce qui reste de localisé : en s'effondrant, la masse stellaire a conservé son moment angulaire (loi essentielle de la mécanique classique) et sa rotation s'est donc accélérée de façon considérable. Les pulsars tournent à la vitesse d'un tour par seconde ou par petite fraction de seconde, alors que l'étoile initiale, avant d'exploser, mettait plusieurs jours à accomplir un tour sur elle-même. Ces astres sont si petits (la vitesse de rotation permet d'en calculer le rayon : des millions de fois plus petit que celui d'une étoile normale) qu'ils n'ont pas une surface rayonnante bien grande. Leur énergie ne se perdra donc qu'à un taux très lent, ce qui leur confère à ce stade une espérance de vie encore très grande. On a même dit que les pulsars (et les naines blanches, résidus de l'effondrement d'une étoile moins massive, qui n'est peut-être pas passée par le stade de supernova) constituaient *le grand cimetière des étoiles*.

Le troisième phénomène connu associé à l'explosion des supernovae est l'éjection dans l'espace de particules très énergiques, les « neutrinos », qui emportent la quasi-totalité de l'énergie stockée dans l'étoile, le nuage en expansion et le pulsar n'en conservant qu'une partie minime, de l'ordre de un ou deux pour cent...

Sans mentionner une nouvelle fois la supernova de Tycho ni celle des Chinois, il faut savoir que la belle supernova observée dans l'hémisphère Sud en février 1987 s'est manifestée le jour même par un flux de neutrinos (fig. p. 129) observé en plusieurs endroits de la Terre par des détecteurs spécialisés installés récemment. Dans quelques années, nous observerons dans les ondes radioélectriques le pulsar correspondant et, encore quelques années plus tard, le nuage de gaz expulsé par le phénomène; sans parler des effets secondaires, tels que la formation d'étoiles nouvelles, stimulées par l'onde de choc consécutive à ce gigantesque cataclysme. Mais nous reviendrons plus loin sur ces phases terminales de la vie d'une étoile.

La Terre, vue prise d'Apollo-17 (1972).
Photo © DITE / NASA.

Nébuleuse du Crabe. Photo © DITE / NASA

Module lunaire utilisé lors du vol Apollo-16 (1972).

L'astronaute Edwin Aldrin sur la Lune. Vol Apollo-11, 20 juillet 1969.

Image de Saturne, prise par Voyager-1, octobre 1980.

Amas d'Hercule, M 13, NGC 6205, photographié le 1er mai 1953 au téléscope de 120 cm, durée de pose 90 minutes.

Photo DITE / NASA.

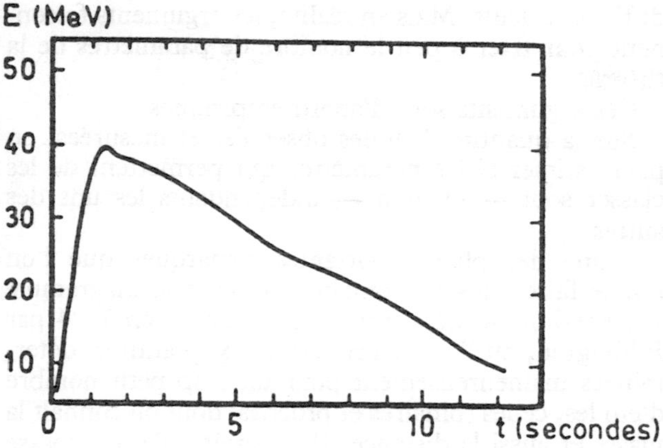

Le flux de neutrinos de la supernova SN 1987 A. Le temps zéro correspond au temps de la première observation, le 23 février.

3. *Les paramètres de l'évolution*

Sans aller trop loin dans le détail, on conçoit aisément qu'il faille partir d'un lambeau de matière donné, plus ou moins condensé, pour aboutir à une étoile. Un paramètre évident sera la *masse* M de ce lambeau. Un autre sera sa température, un troisième sa densité. Ces deux dernières quantités seront susceptibles d'évoluer largement, alors que, dans la plupart des cas, la masse pourra être considérée comme constante. L'évolution aboutira à une étoile formée caractérisée par son *rayon* R et sa *luminosité* L, de même que par sa *composition chimique* (et il nous faudra donc prendre en considération les rapports Y : Y : Z (X + Y + 2 = 1) des masses d'hydrogène, d'hélium et des éléments plus lourds, respectivement).

Lorsque l'on sait que, de plus, le *magnétisme* stellaire et la *vitesse angulaire de rotation* sont des quantités souvent observées, différant nettement d'une étoile à l'autre, il peut sembler que nous ayions un trop grand nombre de paramètres à manipuler pour une théorie physique imposant de longs et difficiles calculs. Mais en réalité, les arguments foisonnent pour fixer à peu le nombre de paramètres de la théorie.

Ces arguments sont d'abord empiriques.

Sur la quantité d'étoiles observées et mesurées, on peut estimer si les paramètres qui permettent de les classer sont — ou non — indépendants les uns des autres.

L'une des plus importantes remarques que l'on puisse faire dans ce domaine concerne le diagramme « masse-luminosité » introduit et justifié en 1924 par Eddington, où l'on reporte ces deux quantités, déterminées malheureusement pour un trop petit nombre d'étoiles, celles (binaires et proches) dont on connaît la masse et aussi la distance. Il apparaît qu'à une masse donnée correspond une luminosité déterminée, à l'exception d'un certain nombre de cas, étoiles « sous-lumineuses » ou « sur-lumineuses ». Sur ce diagramme, les étoiles « normales » de faible masse constituent ce qu'on apppelle la *série principale*, que nous retrouverons en dressant un autre diagramme, le diagramme « couleur-luminosité » construit dès 1914 par Hertzsprung et Russell sous deux formes différentes. Aujourd'hui, cet outil fameux porte leurs noms abrégés : c'est le « diagramme HR ». (P. 131.)

Il met en évidence le groupement d'un grand nombre d'étoiles dans une région assez étroite de son plan, le long d'une courbe assez bien définie, la *série principale*, à laquelle appartiennent les étoiles de la partie centrale de la figure de la page 131. De plus, un nombre notable d'étoiles se groupe dans le domaine des « *géantes* » qui, à couleur égale, ont une luminosité nettement supérieure à celle des étoiles de la série principale.

A mesure que la spectrographie progressait, le diagramme HR s'est considérablement étendu, permettant de remplacer les « estimations » de types spectraux et de couleurs pour un nombre d'étoiles de plus en plus grand par des indices définis avec précision.

Le spectre d'une étoile caractérise ses régions

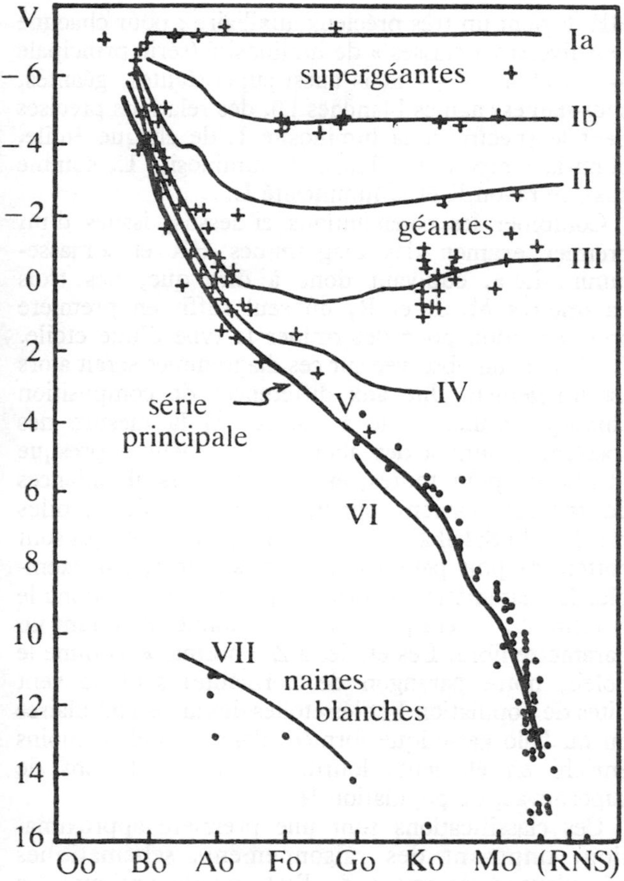

Diagramme Hertzsprung-Russell. Ce diagramme comporte les séquences de luminosité le long desquelles se groupent les étoiles : la, Ib : supergéantes ; II, III : géantes ; IV : sous-géantes ; V : série principale ; VI : sous-marines ; VII : naines blanches. Les points concernent les étoiles les plus proches, les croix, les étoiles les plus brillantes du ciel.

extérieures et, très précisément, la température des régions encore assez denses (photosphère) où se forme son spectre. A partir du moment où l'on connaît ainsi la température effective de l'étoile, T_{eff}, le diagramme

HR devient un très précieux auxiliaire : pour chacune des diverses « classes » de luminosité (série principale — ou classe V — mais aussi supergéantes, géantes, sous-naines, naines blanches...), des relations précises lient le spectre et la luminosité L de chaque étoile, donc la température T_{eff} et la luminosité L, comme aussi le rayon R et la luminosité L.

Combiner les constatations ci-dessus, issues d'un premier examen des diagrammes HR et « masse-luminosité », équivaut donc à dire que, des trois paramètres M, L et R, un seul suffit en première approximation pour déterminer le type d'une étoile. La dispersion observée sur ces diagrammes serait alors essentiellement due aux différences de composition chimique d'une étoile à l'autre. Si la mesure des spectres aboutit à des abondances d'hélium presque identiques pour toutes, en revanche, les abondances de métaux varient considérablement des étoiles proches du Soleil à celles des amas globulaires qui sont nettement plus pauvres en atomes lourds, par exemple. Le paramètre important dans ce cas sera donc le nombre Z ; Y sera plus ou moins donné, Z restant un paramètre libre. Les étoiles à Z « normal » (comme le Soleil, notre parangon de normalité) sont souvent dites de population I et les étoiles des amas globulaires ou du halo galactique formées dans un milieu moins enrichi en éléments lourds par les explosions de supernovae, de population II.

Ces classifications sont une première approximation, imposant des raisonnements schématiques découlant directement de l'astronomie optique. La découverte de nouvelles propriétés révélées par la recherche spatiale (dans le domaine ultraviolet d'abord, puis dans les domaines X, gamma, et plus récemment infrarouge) a mis en évidence leur naïveté. Deux étoiles de même spectre visible et de même luminosité peuvent avoir des spectres UV très différents, dus à des *chromosphères* ou à des *couronnes* d'importances très différentes.

Dans ces conditions, comment rendre compte de ces phénomènes ? Pour les théoriciens modernes, ce ne sont pas là des épiphénomènes secondaires : la structure des étoiles dépend évidemment de leur vitesse de rotation, de leur magnétisme ou d'autres facteurs, peut-être. Nous devrons donc séparer clairement les traitements théoriques de l'étoile dans sa masse principale (qui vont dépendre essentiellement de la masse M et du rapport Z : X) de ceux (seconde approximation) qui rendront compte de son évolution dans sa totalité (y compris les régions peu denses, où se forment les spectres UV, X, IR et radio) et qui devront prendre en compte la rotation et son évolution, le magnétisme et son évolution, etc. Comme l'évolution stellaire peut être considérée, en première analyse, comme affectant un lambeau autonome de matière, on pourra considérer que le moment angulaire de rotation est constant, ainsi que le moment magnétique — comme l'est la masse de l'étoile modèle en évolution calculée.

Cependant, cette seconde approximation va se révéler, elle aussi, insuffisante. Il faudra, c'est évident, prendre en compte les gains de matière (par accrétion) et les pertes (vents, éjections...) qui véhiculent, avec la masse, une partie plus ou moins grande du moment magnétique. Il est clair que les *étoiles doubles*, lorsqu'elles sont constituées de deux étoiles très proches l'une de l'autre (« binaires serrées »), vont nous fournir des exemples d'échange de matière jouant un rôle évolutif essentiel.

On voit donc que, si en première approximation on doit traiter de l'évolution simple d'une masse de matière donnée de composition chimique donnée, une seconde étape nous conduira à examiner les effets de la rotation et du magnétisme, et enfin, ceux des pertes ou des gains de masse.

En fait, on ne procède plus vraiment ainsi aujourd'hui. On intègre d'emblée tous les paramètres du calcul dans le cadre de modèles de certaines phases de l'évolution stellaire. Nous ne reviendrons évidemment en détail que sur la première étape de cette description complexe, et sur le traitement d'ensemble — plus moderne — de questions particulières.

X : Y : Z

Abondances dans le milieu où se sont formées les premières étoiles, il y a 15 ou 20 milliards d'années.

	sur 10 000 atomes	sur 100 grammes	rapports
Hydrogène	9 230	75	X = 0,75
Hélium	770	25	Y = 0,25
Autres éléments [1]	0	0	Z = 0,00
	10 000	100	1,00

Abondances comparées dans la nébuleuse protosolaire, il y a 5 milliards d'années (plusieurs générations d'étoiles ayant produit des éléments « lourds »).

Hydrogène	9 077	70	X = 0,70
Hélium	908	28	Y = 0,28
Autres	15	2	Z = 0,02
	10 000	100	1,00

1. Traces infimes de lithium...

(Données numériques aimablement communiquées par N. Grevesse)

CHAPITRE II

LES ÉTOILES EN ÉQUILIBRE : L'ÂGE ADULTE

Dans l'immense majorité des cas, les étoiles sont, on l'a dit, ce qu'elles étaient pour nos ancêtres les plus reculés. Si elles évoluent, cette évolution est, la plupart du temps, très lente. De ce fait, le premier problème que nous aurons à résoudre sera celui de l'*équilibre*. Nous nous servirons dans ce but de notre Soleil dont la constance, pendant des milliards d'années, a permis à la vie d'exister sur la Terre...

1. Les moteurs et les freins de l'évolution

Le flux considérable d'énergie émis par le Soleil a, d'emblée, posé un problème. Quelle est son origine ?

Evaluons en effet les diverses quantités d'énergie qui y sont « stockées », en quelque sorte.

Depuis plus d'un demi-siècle, nous savons que seule l'énergie produite par les réactions nucléaires, c'est-à-dire par l'annihilation d'une partie de la matière stellaire, permet de concilier la luminosité observée du Soleil et l'âge des structures géologiques terrestres. Auparavant, le type d'énergie auquel on avait tout d'abord pensé était l'énergie *chimique*. Dans toute réaction chimique exothermique, une certaine quantité d'énergie se dégage. Exemple : lorsqu'on procède à la « combustion » d'un « carburant » stable — bois, essence, hydrogène... — dans un « comburant », air ou oxygène, la quantité de chaleur dégagée est de l'ordre de 10 « grandes calories » par molécule-gramme (voir traités de chimie !). Dans le cas de la combustion du carbone dans l'oxygène qui forme le gaz carbonique CO_2, on aura 94 grandes calories (1 Cal = 1 000 cal) pour 12 grammes de combustible ; avec 1 gramme de carburant moderne (propergol utilisé en astronautique), on produirait 1 000 grandes calories et plus. Si l'énergie du Soleil était due à la combustion du carbone dans l'oxygène, il devrait être produit ainsi $4\ 10^{33}$ ergs par seconde, soit $4\ 10^{33}$ $(4\ 10^{7})^{-1} 10^{-6} \simeq 10^{26}$ calories par seconde. Environ 10^{22} grammes de carbone devraient donc être brûlés par seconde ; or, le Soleil a une masse $2\ 10^{33}$ grammes. Environ les deux tiers de sa masse devraient être de l'oxygène. Dans ces conditions, il aurait alors de quoi brûler pendant un temps de l'ordre de 10^{11} secondes, soit seulement quelques millénaires !

On a avancé par la suite une énergie d'ordre *gravitationnel*, qui serait libérée dans l'effondrement complet de l'étoile, et serait de l'ordre de $(\frac{1}{2}\ GM^2/R)$. Egale donc à $2\ 10^{48}$ ergs, elle suffirait pour alimenter la vie du Soleil ou d'une étoile pendant quelques dizaines de millions d'années au plus (Pour le Soleil : $2\ 10^{48}/4\ 10^{33} \simeq 5\ 10^{14}$ secondes $\simeq 1.7\ 10^{7}$ ans). Ce qui n'est rien, en somme !

L'énergie de masse, qui correspondrait, elle, à l'annihilation complète de la masse solaire, est $M\ c^2$, soit $E_M \simeq 2\ 10^{54}$ ergs. Elle permettrait au contraire au Soleil de vivre, au rythme actuel de consommation de l'énergie, pendant plus de dix mille milliards d'années ! Cependant, l'annihilation complète de la masse n'est pas facile ; il faut que la physique nous en explique les mécanismes. Or, loin de toute explosion cataclysmique, dans un état stable comme celui du Soleil, les réactions *thermonucléaires* ont pour effet unique de transformer quatre noyaux d'hydrogène en un noyau d'hélium ; la masse perdue dans cette transformation n'est que 7 pour mille ($E_{TN} \simeq 1.4\ 10^{52}$ ergs). A ce taux de production d'énergie, l'espérance de vie du Soleil reste encore de cent milliards d'années.

Il convient donc maintenant de connaître le processus détaillé de cette production d'énergie au cœur des étoiles. Aucun des processus proposés n'équivaut à un autre. Chacun sera ou plus rapide ou plus lent ; et si la quantité totale d'énergie libérée est indépendante du processus de libération, le taux de libération, plus ou moins fort, ne sera pas le même dans chaque cas. Or la luminosité du Soleil et celle des étoiles sont des données *mesurées*. Il faudra donc que le détail des réactions nucléaires permette d'expliquer *quantitativement* cette luminosité, stable et bien définie.

Le jeu des réactions nucléaires peut suivre plusieurs chemins, selon la température (les probabilités des diverses réactions en dépendent elles-mêmes) et la composition chimique du milieu où elles se déroulent. Dans les conditions stellaires « normales » — quelques millions de degrés au cœur des étoiles — on connaît trois cheminements principaux pour passer de l'hydrogène à l'hélium, les autres éléments, peu affectés par ces transformations, n'intervenant qu'à titre de catalyseurs.

Si la température est trop basse, aucune réaction nucléaire n'a lieu; l'énergie gravitationnelle libère, seule, de l'énergie : sous son propre poids, l'étoile se contracte et rayonne du fait même de cette contraction; nous reviendrons sur cette phase évolutive primitive, sur ces « premiers stades » de la vie stellaire.

Dès que la température s'est suffisamment élevée — à environ 10 millions de degrés — les réactions thermonucléaires s'enclenchent. L'étoile devient « adulte » : c'est sa phase de vie la plus longue, entre les « premiers stades », très courts, et « l'instabilité finale », très courte également, qui précède la phase étoile quasi morte, pulsar ou naine blanche.

Aux températures modérément basses (cas solaire), c'est le cycle des réactions proton-proton (P-P) qui l'emporte.

A des températures plus élevées, les réactions dites « CNO », cycle du carbone (dit aussi cycle de Bethe), l'emportent. On a longtemps cru que ces réactions commandaient le fonctionnement de la machine Soleil ; mais la température au centre du Soleil est trop faible pour leur entretien et ne dépend que des réactions P-P.

A des températures plus élevées encore, des réactions plus rapides prennent le relais : elles interviennent dans les « derniers » stades de la vie stellaire que nous décrirons ci-après, de façon plus synthétique. Ce sont les réactions « triple alpha », « flash » de l'hélium, « flash » du carbone, etc. La figure ci-dessous montre la façon dont le taux de ces réactions dépend de la température ; nous verrons au chapitre IV, 1 et 2, dans quelles conditions elles peuvent intervenir.

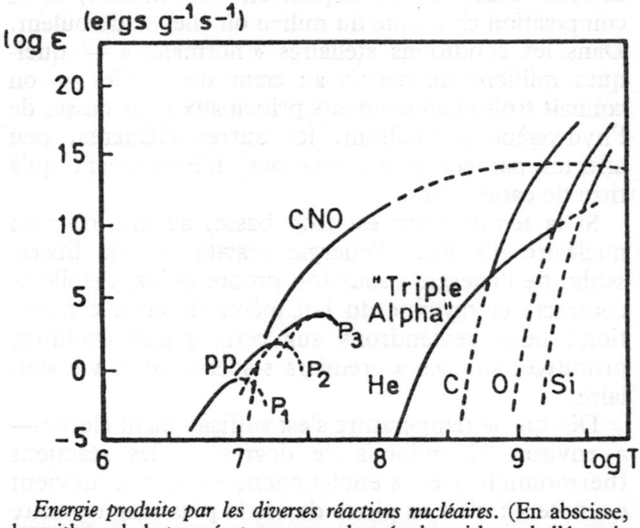

Energie produite par les diverses réactions nucléaires. (En abscisse, logarithme de la température ; en ordonnée, logarithme de l'énergie produite par gramme de matière transformée et par seconde.)

Dans les régions centrales de l'étoile, où température et densité prennent de très grandes valeurs, les réactions nucléaires produisent donc une énergie considérable ; le taux de libération de cette énergie dépendra, lui, de la densité et de la température.

Si l'énergie produite était immédiatement expulsée

vers l'espace, il s'en suivrait un refroidissement et, par suite, l'arrêt des réactions nucléaires. En réalité, le milieu stellaire est *opaque* au rayonnement de haute énergie produit ; du fait de cette opacité, le rayonnement ne peut sortir de l'étoile, et une tendance au chauffage des régions centrales se produit. Le taux des réactions nucléaires augmente alors avec la température ; mais l'opacité, *frein* à ces réactions, se trouve diminuée avec la température, un nombre d'atomes de plus en plus grand étant complètement ionisé ; si bien qu'une sorte d'équilibre s'installe, qui constitue une situation stable qui peut durer, selon les étoiles, de quelques millions à des milliards, voire des dizaines de milliards d'années.

En d'autres termes, le débit d'énergie thermonucléaire joue le rôle de *moteur* de cette machine, et l'opacité, celui de *frein* modérateur de l'évolution ; leur jeu combiné maintient l'équilibre.

Mais nous nous devons de signaler ici un autre phénomène très remarquable de l'évolution, agissant tantôt comme un frein, tantôt comme un moteur : les *migrations* d'atomes.

Dans une étoile isolée, les atomes sont soumis aux champs de force qu'exercent sur eux la pression de radiation (de l'intérieur vers l'extérieur), la pression gazeuse (effet des autres atomes) et la gravitation (vers l'intérieur). Dans certaines conditions, des phénomènes de diffusion ont lieu, qui séparent les unes des autres les espèces atomiques plus ou moins ionisées, et, le cas échéant, molécules et grains solides. Ces phénomènes sont particulièrement importants dans les atmosphères ténues. Ainsi, la pression de radiation élimine-t-elle du voisinage stellaire les petits grains (la force qu'elle exerce est proportionnelle à la surface apparente des grains de rayon a, donc à a^2, alors que la force de gravitation est proportionnelle au cube a^3 de ce rayon) ; mais elle retient les grains moyens en orbite et absorbe assez vite les plus gros. Au sein des étoiles, des phénomènes analogues, parfois compensés par les brassages imposés par les convections à grande échelle qui affectent certaines étoiles (étoiles à raies métalliques), amènent vers la surface des métaux divers formés plus profondément. Dans d'autres régions, les phénomènes de diffusion turbulente étalent la distribution des atomes légers ; si le cœur d'une étoile est appauvri en hydrogène, par exemple, ces mêmes phénomènes en ramèneront vers le centre, ce qui relancera en quelque sorte les réactions thermonucléaires.

Dans les systèmes binaires (voir ci-après, paragraphe IV 5), les migrations sont favorisées par la forme du potentiel gravitationnel qui permet aux atomes formant les régions extérieures d'une des composantes de venir entourer l'autre, de la « napper » en quelque sorte d'un matériau évolué différemment, ce qui changera la composition chimique de l'étoile réceptrice. Nous tiendrons compte de cela dans l'explication de certains phénomènes liés à la fin de la vie stellaire, lorsque l'évolution aura marqué très différemment les deux composantes de masse différente d'une étoile binaire.

Un exemple connu de ces migrations constitue ce que l'on appelle le « vent » solaire. Favorisé par la pression de radiation, un important flux de matière dirigé vers l'extérieur, et d'origine non complètement élucidée, entretient une *perte de masse* dépendant beaucoup de l'étoile étudiée et pouvant contribuer de façon très notable à son évocation.

Mais pour l'instant, occupons-nous d'étoiles dans lesquelles ces phénomènes migratoires ne sont pas ou peu à l'œuvre.

2. *Les équations de l'équilibre*

Les fonctions qui représentent le débit d'énergie en fonction de T et de ρ, et celles qui représentent l'opacité en fonction de ces mêmes paramètres, sont donc les éléments essentiels d'une théorie d'étoiles stables adultes. Elles sont représentées sur les figures des pages 142 et 143, issues de calculs sans doute aujourd'hui dépassés dans les détails, mais pas dans le comportement d'ensemble.

Ces fonctions étant connues, de quelle nature sont les équations « d'équilibre » qui expriment que l'étoile ne s'effondre ni n'explose ? Elles sont simples — (voir tableau page 144), et au nombre de deux, essentiellement.

L'une exprime *l'équilibre hydrostatique :* chaque petit élément de volume, dans la matière stellaire, est en équilibre sous l'influence conjuguée de la force de pesanteur (qui l'attire vers le centre de l'étoile) et de la résultante des forces de pression (qui tend à l'empêcher d'être attiré au centre, cette résultante n'étant en somme que la force d'Archimède).

L'autre définit *l'équilibre énergétique :* chaque volume reçoit autant d'énergie qu'il en perd. Sinon, des événements catastrophiques se produiraient !

La seconde équation écrite dans le cas de l'équilibre radiatif dépend de l'opacité $\varkappa$ et du débit d'énergie ε. Mais elles dépendent aussi de l'état de la matière, de son *équation d'état,* qui lie la densité ρ et la température T dans un milieu donné.

Dans le cas le plus simple, le plus banal, le milieu est assez dilué pour être considéré comme un gaz parfait. Alors la relation de Mariotte - Gay-Lussac s'applique ; on a entre p, ρ et T une relation simple : $p = \rho\, RT/\mu$, R étant la constante des gaz parfaits, μ la masse molaire moyenne.

Dans un tel milieu, il n'y a pas que des atomes, des ions et des électrons ; il y a aussi des photons, qui exercent une importante pression dépendant de la densité photonique, tout comme la pression gazeuse dépend de la densité des électrons. La densité d'énergie de la lumière est proportionnelle à T^4 selon la loi de Stefan. On a donc :

$p_{rad} = \sigma T^4$, où T^3 représente l'équivalent du terme ρ, l'expression étant strictement complémentaire de l'expression ci-dessus, les deux types de pressions devant s'ajouter l'une à l'autre.

Pour être plus précis, il faudrait également ajouter les « pressions » liées au champ magnétique et à la turbulence ; mais on comprendra sans peine que de telles généralisations ne changeront pas l'essence, au

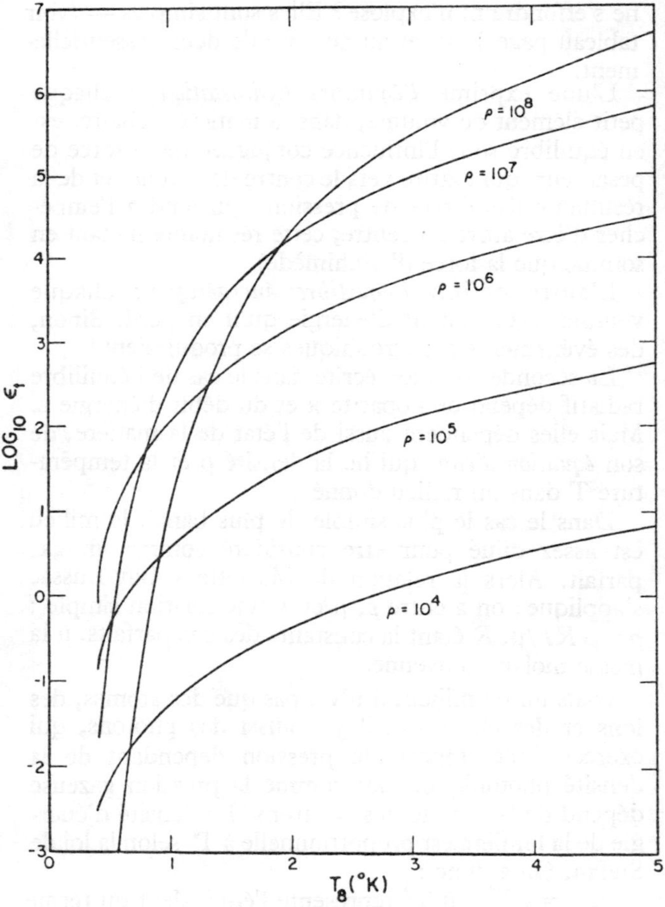

Débit d'énergie et opacité dans les cœurs stellaires. a) Débit d'énergie (ordonnée) en fonction de T pour diverses valeurs de la densité ρ. (Cox J. P., Giuli R. T., *Principles of stellar structure,* vol. 1, p. 522, Gordon and Breach, 1968.)

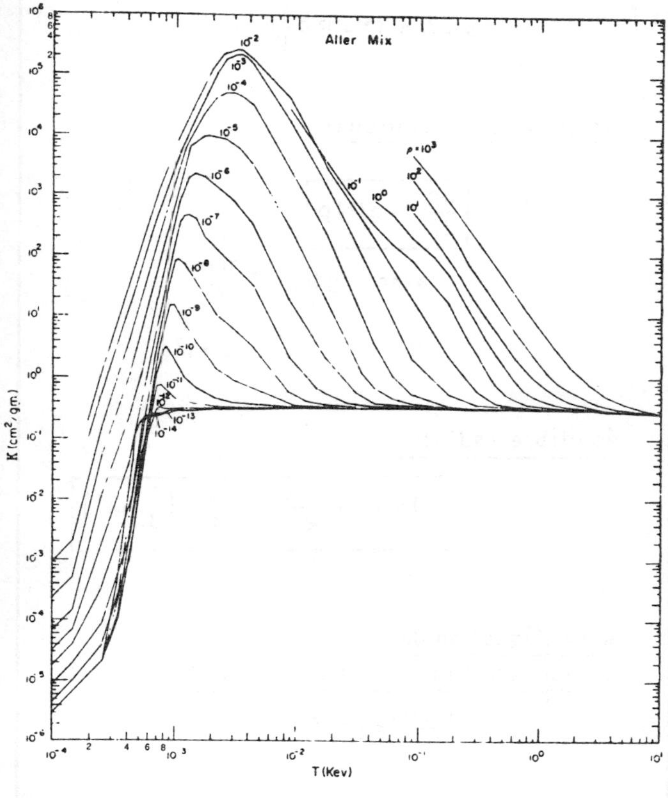

b) Opacité (ordonnée) en fonction de T pour diverses valeurs de la densité ρ. (Cox J. P., Giuli R. T., *Principles of stellar structure*, vol. 1, p. 396, Gordon and Breach, 1968.)

équation d'état:

$$p = \frac{1}{3} a T^4 + R \rho \frac{T}{\mu}$$

équilibre hydrostatique:

$$(1) \quad \boxed{\frac{dp}{dr} = -g(r)\rho}$$

avec $g(r) = G \frac{m(r)}{r^2}$

et $\frac{dm(r)}{dr} = 4\pi r^2 \rho$

équilibre radiatif:

$$(2) \quad \boxed{L(r) = 4\pi r^2 \frac{c}{<\varkappa>\rho} \frac{d}{dr} \left(\frac{1}{3} a T^4\right)}$$

avec l'équation de production d'énergie, au coeur stellaire

$$\frac{dL(r)}{dr} = 4\pi r^2 \rho \varepsilon$$

Les équations de l'équilibre stellaire. R est la constante des gaz parfaits ; μ la masse molaire moyenne (de l'ordre de l'unité) ; m(r) est la masse de matière contenue dans une sphère de rayon r centrée au centre de l'étoile ; G est la constante de la gravitation universelle ; ρ est la masse spécifique ; *L*(r) est le flux d'énergie radiative total à travers la sphère de rayon r ; $<\varkappa>$ est l'opacité moyenne ; c la vitesse de la lumière et a la constante 4σ/c, où σ est la constante du rayonnement noir de Stefan ; ε est le débit d'énergie.

moins de façon qualitative, de ce que nous allons tirer de cette équation.

Si le milieu est plus dense, plus tassé, les dimensions des atomes interviennent. Puis, si cette densité augmente encore, ces dimensions jouent un tel rôle que le tassement des atomes devient le phénomène dominant ; un accroissement de pression n'accroîtra plus la densité. On arrive à un état où la matière est dite « dégénérée ».

A ce stade-là, on pressent que la température ne joue plus aucun rôle ; mais les noyaux et les électrons gardent encore, en quelque sorte, leur intégrité. Dans un milieu dit « hyperdense », le tassement sera pire encore ; les électrons se combineront alors aux protons des noyaux ; il ne restera plus que des neutrons : on aura alors affaire à un « gaz de neutrons » encore plus dense.

Les équations de la structure interne peuvent être résolues au prix de logiciels très élaborés (car elles sont loin d'être linéaires !). Les conditions aux limites imposées sont le rayon R de l'étoile, sa masse M, sa luminosité L, et sa composition chimique X :Y :Z — supposée *homogène* — avant le début des réactions thermonucléaires. Mais les deux relations fondamentales font que la structure interne dépend essentiellement seulement de deux de ces conditions aux limites : masse M et composition chimique X :Z ; c'est le fameux théorème de Vogt-Russell que nous avons évoqué à plusieurs reprises au paragraphe I, 3 sans le nommer.

L'équation relative à l'*équilibre énergétique* pose de délicats problèmes. En effet, l'énergie peut être véhiculée par le rayonnement, par des mouvements convectifs de brassage à grande échelle (les deux processus essentiels), ou encore par conduction.

Dans le cas de *l'équilibre radiatif,* l'énergie est véhiculée uniquement par le rayonnement. Au sein d'un élément de volume, les atomes absorbent le rayonnement et le réémettent en fonction de leurs propriétés locales. Le rayonnement vient de régions portées à des températures différentes de celles qui règnent dans le petit élément de volume — si bien qu'il doit s'y produire un changement dans la nature du rayonnement, dans ce qu'on pourrait appeler sa « qualité ». Mais la « quantité » reste constante, car on impose que les conditions locales (densité, température) soient partout constantes, et que l'équilibre reste réalisé.

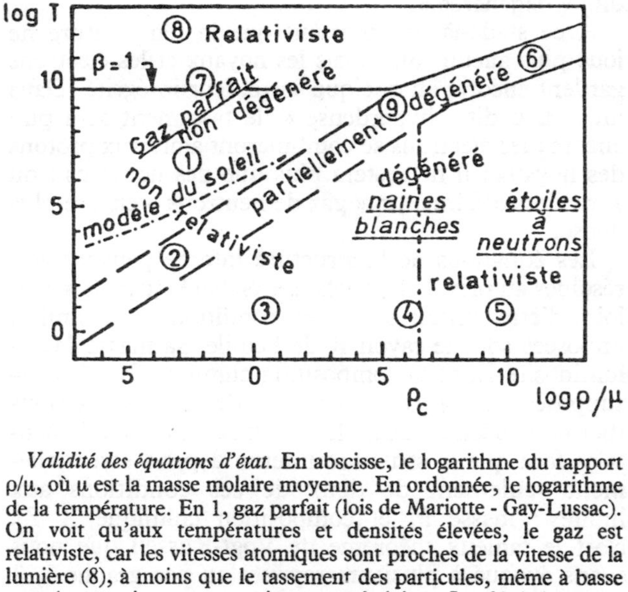

Validité des équations d'état. En abscisse, le logarithme du rapport ρ/μ, où μ est la masse molaire moyenne. En ordonnée, le logarithme de la température. En 1, gaz parfait (lois de Mariotte - Gay-Lussac). On voit qu'aux températures et densités élevées, le gaz est relativiste, car les vitesses atomiques sont proches de la vitesse de la lumière (8), à moins que le tassement des particules, même à basse température, impose un traitement relativiste. La dégénérescence quantique du gaz se produit aux densités élevées, même si le gaz peut encore (3) n'être pas relativiste. On a situé sur le diagramme le Soleil (et les étoiles normales), les naines blanches, les étoiles à neutrons.

Dans le cas de *l'équilibre convectif*, un élément de volume est traversé par une masse de matière à une certaine vitesse. Dans ce mouvement, la matière se refroidit (ou se réchauffe) et la densité évolue ; s'il n'y a pas d'échange thermique d'un morceau de matière en mouvement avec le milieu qui l'entoure, ce déplacement est « adiabatique ». Au bout d'un certain trajet, ρ et T auront évolué de façon « adiabatique ». En réalité, il peut y avoir échange entre les mouvements ascendants et les mouvements descendants, dans le sens de l'équilibrage des températures ; alors la température du matériau ascendant décroît plus vite que dans le cas adiabatique, car ce matériau se refroidit aussi aux dépens du milieu ambiant et pas seulement du fait de la détente.

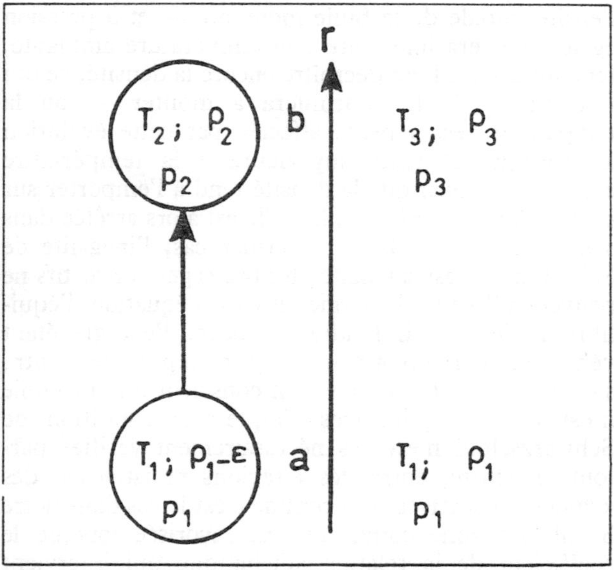

Convection. Au sein de la bulle en *a*, la densité accidentellement s'abaisse un peu ; la bulle tend à monter ; la variation adiabatique impose la relation entre T, ρ, p. En *b*, la pression $p_2 = p_3$; si $\rho_2 > \rho_3$, la bulle redescendra ; sinon, elle continuera son ascension : il y aura convection.

Comment savoir lequel va l'emporter, de l'équilibre convectif ou de l'équilibre radiatif ? Karl Schwarzchild a défini la condition qui commande cette alternative (elle porte son nom). Supposons qu'un mouvement convectif ascendant, adiabatique ou quasiment tel, s'amorce dans un milieu par ailleurs en équilibre ;

la « bulle » formée continuera à monter dans le sein de l'étoile si la densité intérieure à cette bulle est plus faible que la densité ambiante. Or la densité dépend de la température et de la pression, selon l'équation d'état déjà écrite. La pression s'équilibrant à tout instant entre bulle et milieu ambiant (les mouvements sont lents !), la température et la densité évoluent. Si elles évoluent adiabatiquement, alors deux cas peuvent se produire : ou la température s'ajuste à la densité initiale de la bulle montante — et à pression égale, elle sera inférieure à la température ambiante, tendant donc à faire décroître encore la densité, ce qui fait que la bulle continuera à monter — ou la température est à peine affectée par cette évolution adiabatique et reste supérieure à la température ambiante, si bien que la densité tend à l'emporter sur celle du milieu ambiant ; la bulle est alors arrêtée dans son mouvement ; dans ce dernier cas, l'inégalité de Schwarzchild est satisfaite ; les brassages convectifs ne peuvent véhiculer l'énergie, et c'est l'équation d'équilibre radiatif qu'il faudra résoudre, l'énergie étant véhiculée par rayonnement pur depuis le centre stellaire. Mais il faut être bien conscient qu'une étoile n'est pas un objet très simple : la condition de Schwarzschild n'est pas nécessairement vérifiée partout ; il existe, entre des « régions radiatives », des « zones convectives » — comme c'est le cas dans notre Soleil. La zone convective est favorisée lorsque le coefficient de la relation adiabatique qui intervient dans l'inégalité de Schwarzchild est particulièrement bas. Or, lorsqu'une ionisation a lieu, cette quantité est abaissée, tout simplement parce qu'une partie de l'énergie disponible, au lieu d'être « conservée » dans le gaz en évolution adiabatique déterminé par l'équation d'état, est utilisée à l'ionisation. Tout se passe alors comme si, au cours de l'évolution d'un élément de gaz, une portion de l'énergie disparaissait vers l'extérieur ; l'accroissement de la température, par exemple à pression constante, est alors moindre que lorsqu'il n'y a pas d'ionisation.

Si bien que les zones convectives sont celles où

l'hydrogène s'ionise, où l'hélium s'ionise une fois, puis une seconde fois, où les métaux s'ionisent eux aussi ; ces zones empiètent bien souvent les unes sur les autres. Et la dissociation des molécules, dans le cas des étoiles les plus froides, provoque aussi une zone convective moléculaire importante. Par conséquent, dans chaque cas particulier, il faudra soigneusement étudier les conditions d'écriture de l'équation d'énergie.

Ainsi, l'énergie, formée au cœur de l'étoile par réactions thermonucléaires ou par énergie gravitationnelle, progresse-t-elle vers l'extérieur, freinée dans son mouvement par l'opacité de la matière ou par le refroidissement adiabatique.

3. Les modèles d'étoiles en équilibre. Le cas du Soleil

D'un côté, les équations de l'équilibre ; de l'autre, des objets étranges, complexes, pas vraiment sphériques, pas vraiment en équilibre, souvent variables, souvent actifs. A-t-on le droit de considérer que les objets mathématiques (« modèles ») qui résulteront de la solution de ces équations sont des représentations fidèles de ces mondes tourmentés ? Oui et non. Oui, si l'on veut comprendre dans ses grandes lignes la physique de base de l'Univers. Non, si l'on veut comprendre précisément les phénomènes actifs, tels que ceux qui animent le Soleil — protubérances, éruptions... — ou les étoiles — pulsations, éjections... D'autres équations très complexes devront être écrites, impliquant les champs magnétiques, le détail des mouvements des masses gazeuses, l'influence des astres voisins, que sais-je encore ? Les « modèles » d'étoile ne sauraient donc que constituer une première approximation pour ces calculs — première approximation qui pourra souvent se révéler fort médiocre. Il faut donc beaucoup de prudence avant de tirer trop de conséquences de ces modèles idéaux, qui ne constituent qu'une phase — celle du XXe siècle ! — de la « modélisation » des étoiles.

Ainsi, la représentation d'une étoile a-t-elle nécessairement une histoire, qui se développe à mesure que l'observation révèle des contradictions entre les modèles et les données de la mesure.

Rappeler les étapes essentielles de cette évolution historique ne sera peut-être pas inutile.

Au XIXe siècle, que connaît-on d'une étoile ? Sa magnitude et sa distance, parfois ; donc, sa luminosité. Son spectre, souvent même seulement sa couleur — en gros une température des régions superficielles. Le spectre de raies est ignoré ; les phénomènes solaires apparaissent comme des épiphénomènes en quelque sorte épidermiques dont seule une description qualitative est possible. La donnée de la température superficielle et de la luminosité sont donc les seuls éléments d'information. Ce qui se passe à l'intérieur est inconnu, inconnaissable. Le meilleur modèle de l'atmosphère est alors un « corps noir », milieu physique idéal, dont le rayonnement est fonction de la seule température, et à l'intérieur duquel une seule température règne et où le rayonnement est en équilibre thermique parfait avec les atomes. Le rayonnement d'un tel milieu est isotrope : qu'il soit borné par la surface rayonnante de l'étoile n'est pas bien cohérent avec la nature même du corps noir, où le rayonnement est strictement enfermé ; mais on peut admettre que seule une infime fraction de l'énergie stockée est émise, et nous permet le diagnostic de l'étoile, en même temps qu'il n'en affecte pas la stabilité.

Inutile de dire d'abord que ce modèle, imposé par des considérations empiriques d'économie, n'était pas compatible avec ce que des théoriciens comme Emden tirèrent de la théorie complètement cohérente des sphères gazeuses !

Surtout, il devint vite inconciliable avec plusieurs nouveaux faits d'observation : l'assombrissement du disque solaire prouvait que la température croissait vers l'intérieur ; les raies d'absorption nouvellement découvertes dans le spectre du Soleil et des étoiles mettaient en évidence des différences de température, d'excitation et d'ionisation, même dans les régions extérieures. Le flux d'énergie devenait mesurable ; cette « évaporation » du contenu thermique de l'étoile était l'explication de cette décroissance de la température vers l'extérieur, un phénomène complémentaire du caractère « ouvert », évident, de l'étoile. Les modèles, issus des équations écrites ci-dessus, devaient en tenir compte. Mais pour comprendre les observations, seul suffit un modèle de l'atmosphère. Pour aller plus profondément (en poursuivant le travail d'Emden), il fallait connaître le débit d'énergie, l'opacité, les conditions d'applicabilité (ou non !) de la condition de Schwarzschild. On construit alors des modèles standardisés d'étoiles, du centre à la surface, dépendant essentiellement de deux paramètres, gravitation et composition chimique (Appendice IV).

Arrive maintenant l'époque moderne — les dernières années du XXe siècle. Les atmosphères stellaires sont complexes : actives, éruptives, oscillantes ; des chromosphères, des couronnes bien connues, où les quantités physiques sont bien mesurées, entourent ces atmosphères denses ; et elles se prolongent par un vent stellaire vers les milieux interstellaires. Un modèle d'atmosphère stellaire ne peut plus ignorer un traitement quantitatif de ces phénomènes.

Parallèlement, les modèles de structure interne se doivent de tenir compte des conséquences inéluctables de l'existence de ces phénomènes qui les expliquent : la rotation complète la convection ; les diffusions véhiculent de l'énergie, mais aussi provoquent un mélange des éléments qui devraient être triés (par la gravitation par exemple) ou, au contraire, une séparation de ceux qui devraient être intimement mélangés. L'étoile est aplatie par la rotation : la distribution superficielle de la densité doit s'en ressentir. Autant de phénomènes nouveaux à prendre en compte. Encore ne parlerons-nous pas ici de l'effet des marées, des déformations et des vents, produits par l'existence d'étoiles associées (compagnons) ou de planètes d'une masse notable.

La rotation implique sans doute le magnétisme ; et la viscosité du milieu implique que cette rotation soit

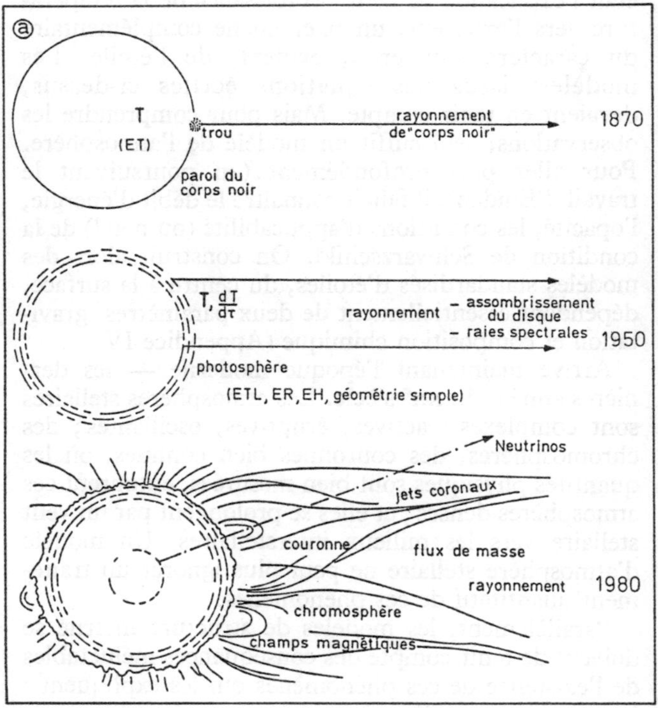

Modèle stellaire : l'évolution d'un concept. **a) modèle d'atmosphère (p. 152) ; b) modèle de structure interne (p. 153).**

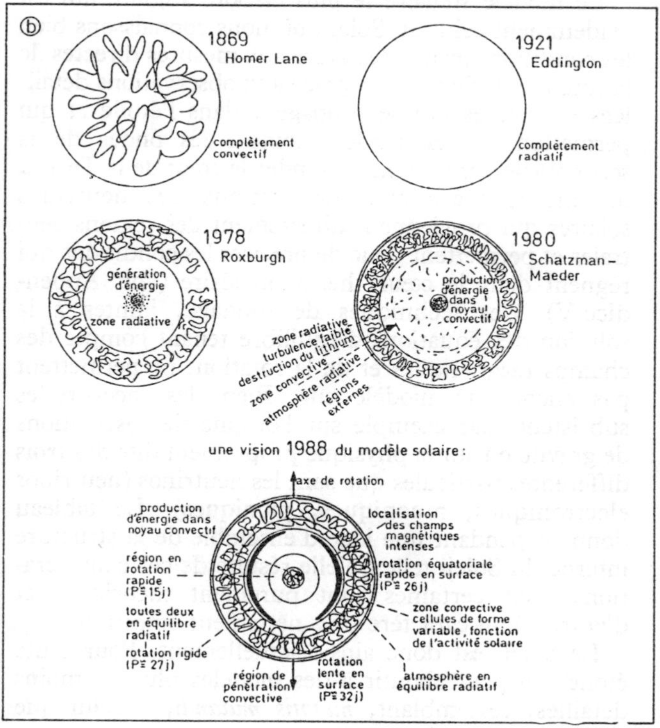
ⓑ
1869
Homer Lane
complètement
convectif
1921
Eddington
complètement
radiatif
1978
Roxburgh
génération
d'énergie
zone radiative
1980
Schatzman –
Maeder
production
d'énergie
dans
noyau
convectif
zone radiative
turbulence faible
destruction du lithium
zone convective
atmosphère radiative
régions
externes
une vision 1988 du modèle solaire :
axe de rotation
production
d'énergie dans
noyau convectif
localisation
des champs
magnétiques
intenses
région en
rotation
rapide
(P≡15j)
toutes deux
en équilibre
radiatif
rotation rigide
(P≡27j)
rotation équatoriale
rapide en surface
(P≡26j)
zone convective
cellules de forme
variable, fonction
de l'activité solaire
région de
pénétration
convective
rotation
lente en
surface
(P≡32j)
atmosphère en
équilibre radiatif

« différentielle », c'est-à-dire fonction de la latitude stellographique et de la profondeur dans l'étoile.

Le modèle stellaire le plus élaboré aujourd'hui est évidemment celui du Soleil, où nous connaissons bien les conditions profondes grâce aux mesures directes de la rotation différentielle, grâce aux observations détaillées des ondes qui se propagent dans l'étoile et qui permettent de la sonder (comme les ondes de la séismologie permettent de sonder le cœur de la Terre), ou encore grâce aux observations des neutrinos solaires qui proviennent directement des régions centrales et permettent donc de préciser les conditions qui règnent dans le cœur thermonucléaire (voir Appendice V). Ces techniques de sondage, jointes à la solution des équations d'équilibre tenant compte des champs magnétiques et de la rotation, ne permettent pas encore un modèle sûr. Bien des incertitudes subsistent, par exemple sur l'origine des oscillations de gravité ou sur la physique proprement dite des trois différentes particules que sont les neutrinos (neutrinos électroniques, muoniques, pioniques). Le tableau donne cependant une idée d'ensemble de la structure interne du Soleil telle qu'elle résulte de ces considérations dont certaines sont purement théoriques et d'autres d'un caractère plus nettement empirique.

Le Soleil est donc ainsi, actuellement. Pour toute étoile, on peut aboutir à des modèles plus ou moins détaillés, ressemblant, *mutatis mutandi*, à celui que nous venons de donner en exemple.

Cependant, on note que pour les étoiles de faible masse comme le Soleil (et jusqu'à $\simeq 1.1 M_\odot$) les enveloppes sont convectives et le cœur radiatif ; de $1.1 M_\odot$ à $1.7 M_\odot$, le cœur devient aussi convectif. Mais pour des masses plus élevées, les enveloppes sont radiatives et le cœur est convectif. Cette transition correspond en gros au passage du régime des réactions P-P ($M < 1.7 M_\odot$) à celui des réactions du cycle CNO. L'évolution ultérieure dépendra donc certainement de la masse stellaire. Selon que celle-ci sera inférieure ou supérieure à $1.7 M_\odot$, nous aurons des comportements différents.

Ces étoiles ne peuvent rester dans cet état. Peu à peu, l'hydrogène disparaît en leur cœur ; et le passage de l'un à l'autre des différents types de réactions thermonucléaires possibles entraîne nécessairement un ajustement des températures centrales ; l'étoile, dans sa totalité, évolue. Et, si l'on se limite aux modèles standardisés, qui résultent non de considérations empiriques (rotation, séismologie, etc.) mais seulement des équations d'équilibre, on peut faire évoluer ces étoiles *par l'ordinateur*. Des calculs de cette sorte ont souvent été faits ; et il nous faudrait, dans leur discussion, distinguer leur nature selon le type de réactions ou de processus dont ces étoiles tirent leur énergie.

On conçoit que toute théorie de l'évolution nécessite de partir de conditions initiales véritablement imposées aux équations concernées ; et l'on peut se demander quelle sera l'influence du choix de ces conditions sur les résultats du calcul. A vrai dire, nous savons bien peu de choses sur ces conditions initiales. Ce sera le premier point, le plus difficile peut-être, de toute discussion sur l'évolution stellaire (voir paragraphe III).

4. Le Soleil est une étoile variable et possède une évolution séculaire

S'il semble bien que le flux d'énergie du Soleil et ses dimensions n'aient pas sensiblement changé depuis les origines des temps géologiques, il n'en est pas moins vrai que son atmosphère, ses régions extérieures — chromosphère, couronne —, sont sans cesse en changement et subissent des phénomènes variés d'une grande beauté mais aussi d'une terrifiante ampleur, à notre échelle tout au moins. Tous ces phénomènes sont ceux de l'activité solaire. L'un des indices les plus étudiés de cette activité est l'importance des taches solaires. A un moment donné, la latitude héliographique moyenne des taches, mesurée par le nombre de Wolf, est aussi importante. On connaît l'existence d'un cycle d'activité de onze ans ; à vrai dire, deux cycles successifs empiètent l'un sur l'autre ; il faudrait plutôt parler de périodes successives de migrations, d'une durée de vingt ans environ, des régions polaires aux régions équatoriales, de phénomènes actifs divers, profonds ou superficiels, un intervalle de onze ans séparant les démarrages successifs de ces migrations.

L'activité solaire se manifeste par des jets de particules et par l'émission locale, depuis les régions actives, de rayonnements de haute énergie. Les particules ionisées atteignent la Terre dans les régions polaires, zones aurorales. Les rayonnements énergétiques contribuent à l'ionisation de l'ionosphère terrestre et à l'équilibre de l'ozone atmosphérique. Par un mécanisme dont le détail est encore mal connu, ces messagers du Soleil influencent la vie sur Terre, et l'on peut retrouver dans les phénomènes météorologiques très localisés (chute de pluies, hauteur de la couche atmosphérique à 500 mb, distribution des zones polaires de basse et de haute pression), ou moins localisés (géomagnétisme, fréquence des aurores), voire plus globaux ou plus intégrés (croissance des arbres), des corrélations nettes avec l'indice d'activité du Soleil.

Une découverte importante et récente (Williams, 1982) a montré qu'au fond de lacs fossilisés datant du précambrien (700 millions d'années avant la période actuelle) on retrouve dans la distribution des couches annuelles d'alluvions des cycles bien caractérisés (mais peut-être pas d'origine solaire !). Mais on connaît aussi d'autres particularités : notamment l'existence d'un cycle de 314 ans, à peine discerné dans les mesures de taches (qui remontent à Galilée et Fabricius), mais qui s'était manifesté peut-être par le minimum d'activité noté au XVIIe siècle par Maunder. Ce cycle de 314 ans est bien marqué. Il se retrouve dans d'autres phénomènes astrogéophysiques (climatologiques), telles les différentes estimations du rapport C^{14}/C^{12}.

A plus petite échelle de temps, on a cru mettre en

évidence des variations de la luminosité et du rayon solaire. Ces variations sont sans doute réelles, bien que très petites ; cependant, il n'est pas certain qu'elles aient une composante séculaire ; leur comportement associé au cycle semble en revanche assez clair.

L'évolution séculaire du Soleil étant mise en évidence — au moins de façon marginale — nous pouvons donc avancer et étudier l'évolution stellaire dans son ensemble — et pas seulement pendant la période d'évolution « hyperlente » de l'âge adulte.

CHAPITRE III

LES STADES PRIMITIFS DE L'ÉVOLUTION

On a évoqué la très longue durée de l'âge adulte. La quasi-totalité des étoiles connues se trouvent à ce stade de leur évolution, parce que, précisément, c'est un stade qui dure longtemps. Les stades primitifs ou terminaux sont bien plus rapides et occupent une portion bien plus faible de la vie des étoiles. On les observe donc très rarement, mais ils sont souvent très spectaculaires !

1. Histoire des objets Herbig-Haro

Commençons par évoquer quelques idées naguère reçues concernant les objets de Herbig-Haro et leur évolution.

Dans les années 1950, ces deux auteurs, observant (séparément) des petits nuages diffus associés à des étoiles, en petits nombres et en groupes serrés, y détectèrent l'apparition de nouveaux noyaux de rayonnement visible. Mais, depuis cette observation très importante, qui fit penser que l'on avait assisté à la naissance d'une véritable étoile, la nature des objets en question s'est beaucoup précisée. Il ne s'agit pas du tout d'étoiles, mais de nuages matériels, de masse beaucoup plus faible qu'une masse stellaire.

Ces objets sont caractérisés par un spectre de raies d'émission (raies de Balmer de l'hydrogène, raies « interdites » de basse excitation de divers atomes

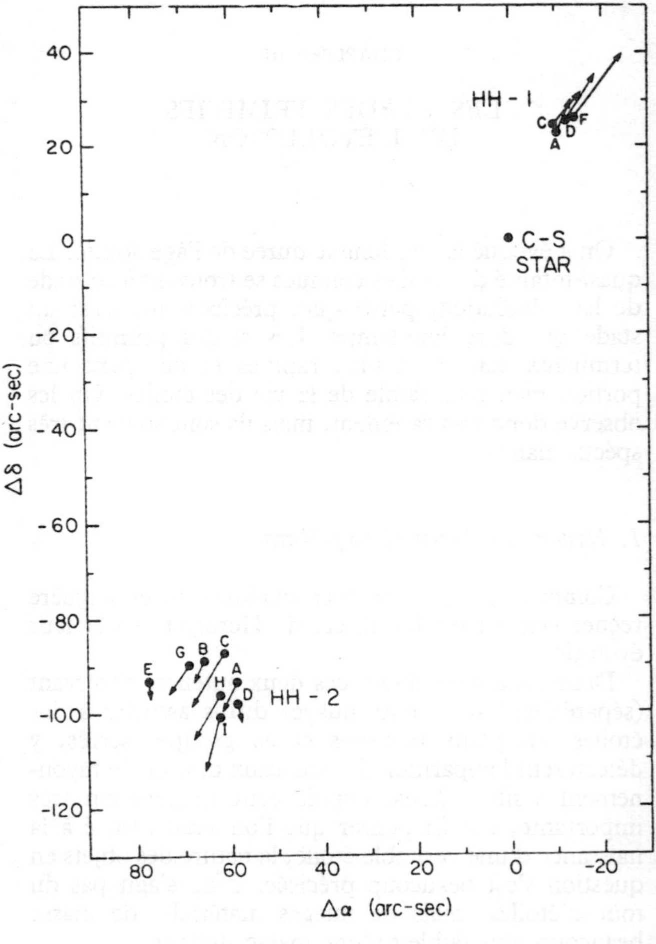

40
20
0
-20
-40
-60
-80
-100
-120
Δδ (arc-sec)
80
60
40
20
0
-20
Δα (arc-sec)
HH - 1
C
D
F
A
C-S
STAR
G
B
C
E
A
H
D
I
HH - 2

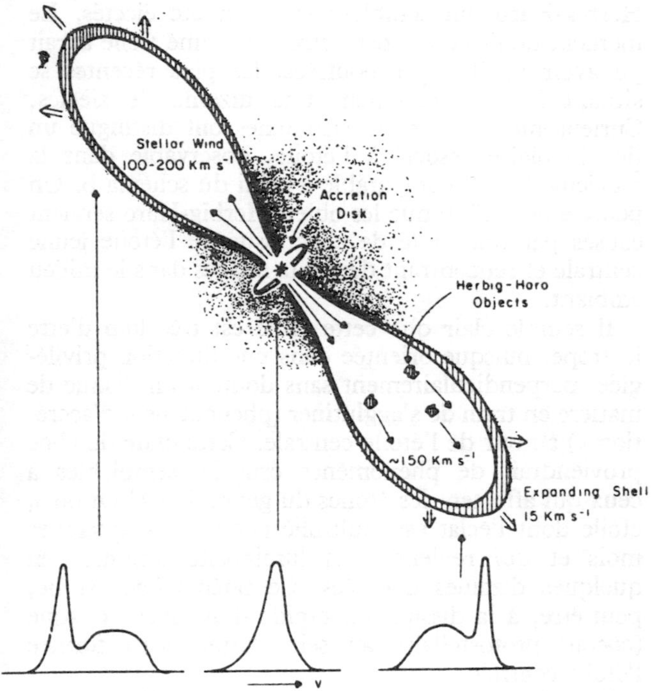

Objets de Herbig-Haro. (Schwartz R. D., Ann. Rev. Astron. Astroph. *21,* 209, 1983).

◁ a) Les vecteurs de mouvement propre indiquent des mouvements de 100 ans pour les nœuds individuels dans HH 1 et 2. L'étoile C-S est une étoile T Tauri de magnitude 17 qui a de toute évidence éjecté les objets HH (d'après Herbig & Jones, 1980).

b) Modèle proposé par Snell et al. 1980, pour expliquer les observations de L 1551. Le disque d'accrétion obscurcit visiblement l'étoile et le flot CO est emmené par un vent stellaire incluant les objets HH.

neutres et ionisés, oxygène, soufre, azote, fer) indiquant un milieu assez dilué. Une découverte importante fut celle de sources infrarouges au voisinage des objets Herbig-Haro. D'autre part, des alignements d'étoiles froides et des mouvements propres ont mis en évidence l'association de ces étoiles et des objets

Herbig-Haro qui semblent en avoir été éjectés. Le moment de l'éjection peut être déterminé : elle aurait pu avoir eu lieu par bouffées, les plus récentes se situant il y a seulement une dizaine de siècles. Curieusement, les radioastronomes ont distingué un flot bipolaire associé à l'étoile, observable dans la molécule CO et comparable à celui du schéma b. On pense aujourd'hui que les objets Herbig-Haro seraient causés par une onde de choc issue de l'étoile jeune centrale et rencontrant de petits nuages dans le milieu ambiant.

Il semble clair que cette onde est très loin d'être isotrope, puisque orientée dans une direction privilégiée, perpendiculairement sans doute à un disque de matière en train de s'agglutiner (phénomène « d'accrétion ») autour de l'étoile centrale. Cette onde de choc proviendrait de phénomènes éruptifs semblables à ceux qui affectent les étoiles du genre de FU Orionis, étoile dont l'éclat est multiplié par cent en quelques mois et qui revient à sa luminosité originale en quelques dizaines d'années. Ce phénomène est lié, peut-être, à la dissipation rapide d'un nuage opaque (cocon) protostellaire au sein duquel s'est formée l'étoile centrale.

Il est intéressant de noter que les étoiles FU Orionis ou les étoiles T Tauri ont souvent été utilisées par Ambartsumian comme exemples à l'appui de sa thèse explosive.

On ne connaît pas encore tout sur ces objets Herbig-Haro et les étoiles auxquelles ils sont associés. Mais l'histoire de leur découverte, puis de l'élucidation de leur nature, montre bien quelle importance peut revêtir l'étude des étoiles de type FU Orionis ou T Tauri, des nuages infrarouges, etc. Les objets Herbig-Haro ne sont, semble-t-il bien, que des épiphénomènes liés à la série de manifestations explosives associées à une étoile très jeune, qui vient seulement d'émerger du cocon où elle s'est formée.

L'association entre la matière interstellaire et les objets jeunes est, de toute façon, un fait remarquable et certainement très général. L'étude, par tous les moyens, de ces milieux dilués est certainement riche en enseignements. Les faits qui s'accumulent sont, à cet égard, fascinants.

2. *Les protoétoiles*

Le milieu interstellaire, loin d'être vide comme on pouvait le penser du temps de Copernic, est d'une extrême richesse. On y trouve des régions froides, riches en poussières solides et en molécules, tout comme des régions chaudes, déjà ionisées par des étoiles jeunes.

L'étude des régions froides est rendue possible par les travaux de radioastronomie millimétrique et par les études de l'IR lointain par satellite qui se sont développées récemment (par exemple via l'IRAM, au sol, ou le satellite IRAS) et que nous avons évoquées ci-dessus.

La structure des nuages (tels qu'étudiés, on l'a dit, dans les raies de la molécule CO) est très complexe, si bien que l'identification d'objets de masse protostellaire n'est pas toujours sans ambiguïté. Comment un nuage comme celui d'Orion (10^5 masses solaires, pour fixer les idées) évolue-t-il vers des étoiles de masse essentiellement voisines de 1 à $10M_\odot$?

L'étude physique permet d'identifier des « nuages » dont la dimension est de l'ordre de 1 à 3 parsecs ; c'est la dimension maximum où la distribution semble quasi uniforme, même observée à bien meilleure résolution ; leur forme est presque sphéroïdale. Leur masse est de quelque $100M_\odot$, leur densité, de l'ordre de 100 molécules par cm^3. A l'intérieur de ces nuages, des mouvements turbulents, maintenus par un processus hydromagnétique, retardent l'effondrement, et la constante de temps de ce mécanisme est de l'ordre de 10^7 ans.

Les étoiles jeunes sont souvent observées au sein du milieu interstellaire. Elles sont caractérisées par de nombreux phénomènes impliquant une interaction avec le milieu interstellaire. Vents, disques d'accrétion et flots bipolaires sont maintenant découverts en grande quantité. Mais il faut aussi noter que ces étoiles sont nettement éruptives, et les observations dans les domaines X et radio sont, à cet égard, remarquables.

Une image de l'évolution primitive peut être construite. Le nuage amorce un effondrement après la dissipation de la turbulence. Mais l'étoile formée est la source d'un vent notable qui, progressivement, chasse le milieu circumstellaire et révèle l'étoile jeune, sortie de son cocon. Ce vent a souvent l'aspect d'un flot bipolaire, alors que l'accrétion se continue dans les zones équatoriales sous la forme d'un disque. L'étoile formée est le siège d'un mécanisme très efficace de dynamo et l'activité magnétique éruptive en est la manifestation claire. Ces phénomènes sont rapides et quasiment simultanés, si bien que les étoiles très jeunes semblent former un groupe d'objets assez homogène entre lesquels il est encore vain de chercher à isoler des types différents.

Les exemples typiques sont nombreux et certains sont devenus des cas classiques. Ainsi, les flots bipolaires de L 1551 dont les modèles cohérents peuvent être construits. Des objets comme NGC 7538 ont un disque moléculaire d'accrétion et éjectent un flot bipolaire. Le disque de W3(OH) est bien observé. Le groupe d'objets associés à ρ Ophiuchi est aussi un bon exemple de sources jeunes et variables observées dans les domaines X et infrarouge.

3. *Théorie de l'évolution des étoiles jeunes*

Les conditions de l'équilibre, décrites ci-dessus à propos des étoiles adultes, résultent de la compétition stable entre les moteurs et les freins de l'évolution.

Dans un astre jeune, nodosité non encore condensée de quelque nuage moléculaire, l'effondrement, même s'il est retardé par des processus magnéto-turbulents, reste le processus dominant. Les modèles calculés il y a des décennies restent donc essentiellement valables, bien que l'on soit conscient de la nécessité d'y introduire la turbulence du milieu, le rôle de la rotation et les effets magnétiques.

L'énergie libérée dans ce milieu encore froid est d'ordre gravitationnel ; la contraction spontanée est le moteur ; le frein reste encore l'augmentation rapide de la densité et de l'opacité. Mais dans le détail, que se passe-t-il ?

La contraction la plus simple que l'on puisse concevoir est tout simplement la « *chute libre* » (des poussières, des molécules, des atomes) de ce milieu froid. Mais cela n'est en fait pas si simple. Imaginons un petit caillou ou une grosse pierre qui tombe des confins du système solaire sur le Soleil : c'est par exemple une comète ; il suffira d'une faible impulsion initiale vers un mouvement de contournement (moment angulaire) pour que le caillou ou la pierre « rate » le Soleil et reparte alors à l'infini.

Lors de la formation d'une étoile, des atomes s'en iront certainement à l'infini ; le Soleil, ou une masse équivalente, n'est même pas encore là pour recueillir ceux qui manqueraient du moment angulaire nécessaire pour s'échapper. Il faut donc imaginer qu'ils se rencontrent fréquemment, que leurs collisions leur donnent des mouvements désordonnés ; en d'autres termes, qu'ils « chauffent », puisque la température n'est rien d'autre que l'énergie cinétique quadratique moyenne des atomes en mouvement désordonné. Le libre parcours moyen de l'atome doit donc d'emblée être petit, par rapport aux dimensions du nuage en train de céder à sa tentation de chute libre. On peut démontrer (c'est le théorème du viriel ; voir Appendice III, p. 202-203) qu'un équilibre entre les deux formes d'énergie se maintient : une moitié de l'énergie potentielle initiale se transforme en une élévation de température ; l'autre moitié devient du rayonnement en équilibre avec le milieu chauffé ; la condensation se produit autour du centre de gravité du système. La densité a augmenté, du fait de cette condensation. Les collisions deviennent donc de plus en plus nombreuses ; si bien que tous les atomes (ou presque) vont effectivement, après un temps plus ou moins long, rejoindre cette condensation centrale autour du centre de gravité. Le libre parcours moyen, entre deux collisions, deviendra minuscule.

Cependant, rien n'empêche la contraction de ce milieu encore dilué de se poursuivre. Une moitié de l'énergie potentielle devient énergie thermique, cependant que l'effondrement s'accélère. Le milieu chaud produit des photons et rayonne ; cette énergie rayonnée restera en équilibre avec l'énergie thermique.

Au début de la condensation, le cœur dense formé est transparent ; le rayonnement est celui d'un corps encore relativement froid ; les deux processus : chauffage — par transformation de l'énergie mécanique — et rayonnement — par transformation de l'énergie thermique — s'équilibrent presque. La condensation continue, le rayonnement reste modéré ; la densité centrale, cependant, s'accroît encore. Au bout d'un certain temps, l'opacité du milieu sera devenue très grande ; le rayonnement, avant de sortir, sera complètement absorbé ; le processus d'équilibrage bien tempéré est mis en défaut ; l'augmentation de la température centrale devient alors très rapide, catastrophique en quelque sorte, et celle de la densité centrale est également brutale. L'étoile, en quelque sorte, naît de son opacité.

On peut montrer alors que l'inégalité de Schwarzschild est satisfaite : l'étoile est entièrement convective, brassée par les mouvements de convection ; les températures s'équilibrent dans toute la région brassée, et la relation température-densité-pression est celle qu'impose la loi adiabatique. C'est la « phase convective » dont l'existence a été démontrée par Hayashi. Le rayon de l'étoile convective diminue, la température augmente, mais la luminosité diminue rapidement à cause de l'opacité acquise dans la portion précédente de la vie de l'étoile : pendant cette phase, la température centrale s'accroît, sans que soit évacuée l'énergie car le rayonnement est insuffisant. En effet la luminosité résulte de la production d'énergie rayonnante : mais cette production est stoppée du fait de l'opacité. On peut aussi dire que la luminosité est une résultante de la dimension de l'étoile rayonnante et de la température des couches extérieures, seules observées. Le déroulement de cette vie stellaire, pendant laquelle l'énergie provient uniquement de l'énergie potentielle initiale du nuage protostellaire, comporte donc trois phases essentielles : (i) opacité faible, chauffage lent : toute l'énergie est quasiment rayonnée ; il y a équilibre entre température locale, rayonnement, énergie mécanique ; (ii) opacité notable : l'étoile a un rayon non nul, qui limite le volume à l'intérieur duquel le rayonnement reste prisonnier ; ce rayon augmente vite ; mais la contraction s'accélère, avec la montée de la température, de la densité, de l'opacité ; (iii) le rayon diminue donc à nouveau, et vite, si bien que la luminosité, après avoir atteint un maximum, a tendance à décroître.

On notera que, dans toute cette période, à l'extérieur du « rayon » de l'étoile, il reste une masse importante de matière. Celle-ci continue à tomber plus lentement ; elle reste en équilibre radiatif, soutenue en quelque sorte dans sa chute lente par le rayonnement stellaire ; cette couche reste cependant opaque dans les courtes longueurs d'onde, le rayon stellaire étant défini par l'opacité à la longueur d'onde du rayonnement issu de l'étoile, rayonnement essentiellement infrarouge puisque l'étoile est encore froide. Nous avons affaire (dans le domaine du visible) à une sorte de « cocon » qui se dissipera pour révéler l'étoile formée, lorsque la température de l'étoile étant devenue assez forte, la chute ayant continué et ayant en quelque sorte vidé le milieu extérieur, l'étoile nue apparaîtra dans toute sa splendeur. C'est cependant encore une étoile convective, où l'énergie libérée provient de la transformation lente de l'énergie potentielle de gravitation en rayonnement, la température de l'étoile évoluant, finalement, assez lentement.

On conçoit que ces différentes phases de la jeunesse stellaire soient calculables, dès que l'on sait évaluer les processus tendant à l'instauration d'un équilibre (jamais atteint d'ailleurs... sinon il n'y aurait plus d'évolution).

La figure de la page 169 représente le résultat d'un tel calcul, et montre comment évoluent les paramètres principaux de l'étoile, rayon, luminosité. La composition chimique est évidemment constante. La masse, en revanche, ne peut être considérée comme constante que si l'on traite le problème de la totalité de la masse initiale, celle qui se condense au cœur, intérieure à la sphère du rayon r(t) comme celle qui reste autour de cette sphère, circumstellaire en somme plutôt que stellaire. Ce point de vue est plausible si l'on étudie les débuts de la vie, quand le rayon r(t) englobe une masse de matière qui augmente vite, du fait de la croissance de l'opacité. Si l'on a affaire à une étoile où la matière circumstellaire est devenue très ténue, alors peu importe, et la masse reste presque constante. Il est difficile de donner ici le détail des calculs et des équations ; la figure donne cependant les relations les plus importantes entre les quantités physiques, dans certaines phases particulièrement typiques de cette évolution qui décrit la première phase de la vie stellaire.

4. Les conditions aux limites extrêmes de la condensation

Une intéressante théorie est celle de Jeans qui, en utilisant le théorème du viriel (voir ci-dessus, en 3) montre à quelles conditions une masse gazeuse peut effectivement se condenser autour de son centre de gravité. Si elle est trop petite, ou pas assez dense, elle ne le pourra pas ! Prenons un nuage de densité ρ donnée, supposé sphérique et de rayon R. Si nous lui ajoutons plus de matière de même densité ρ, la surface va s'étendre ; la masse augmente comme R^3, la surface comme R^2 ; la gravité superficielle ($g = GM/R^2$) va donc augmenter comme R. Cette gravité va devenir très grande, suffisante pour empêcher les atomes, dont la vitesse moyenne est fixée par la température, de s'échapper. La masse sera $(4\pi/3)\rho R^3$. La vitesse « d'échappement » v_0 (celle qui correspond à l'orbite parabolique) se déduit de l'équation du viriel :

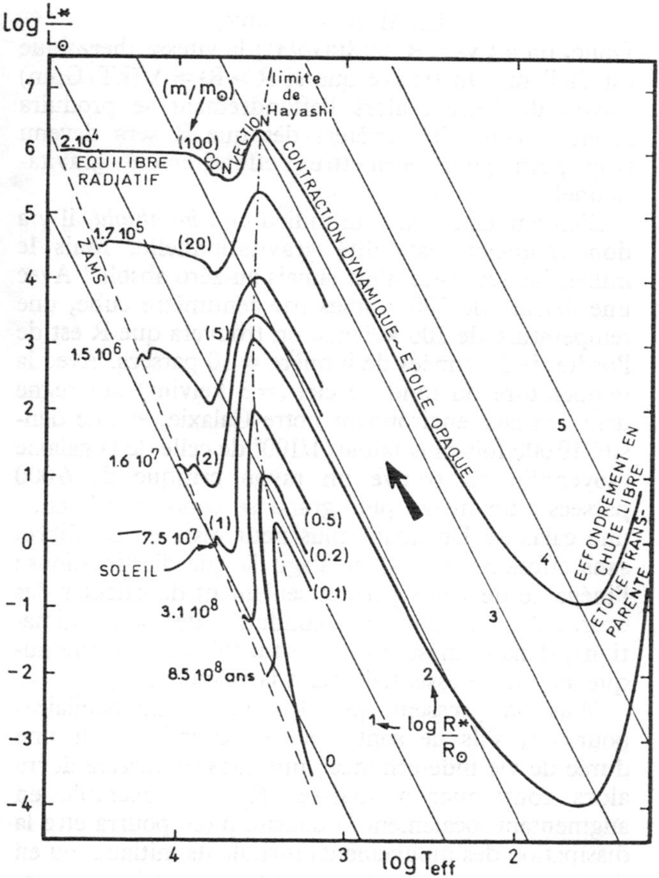

Evolution stellaire avant l'âge adulte. A côté de chaque courbe d'évolution figure, entre parenthèses, en unités d'une masse solaire, la masse de l'étoile correspondante. La ligne « ZAMS » (« Zero Age Main Sequence ») correspond à l'âge adulte et le nombre indiqué est la durée de l'évolution avant l'arrivée à l'état adulte. En abscisse, le logarithme de la température effective (celle de l'atmosphère) ; en ordonnée, le logarithme de la luminosité rapportée à la luminosité solaire. Les droites inclinées correspondent aux valeurs indiquées du logarithme du rayon, en unités d'un rayon solaire. En trait mixte, la limite de Hayashi, au-delà de laquelle la quasi-totalité de l'étoile est animée de mouvements convectifs qui véhiculent l'énergie.

$$GmM/R = (1/2)mv_0^2$$

Donc, on a : $v_0 = R\ \sqrt{(8\pi G\rho/3)}$; la vitesse thermique est 3kT/m. On trouve que si $R > R_J \simeq \sqrt{(kT/G\rho m)}$ (rayon de Jeans), alors l'effondrement se produira spontanément. Il s'arrêtera dès que R sera devenu trop petit pour permettre l'effondrement gravitationnel.

Bien entendu, dans un milieu *au zéro absolu,* il y a donc *toujours* instabilité gravitationnelle. Mais le milieu interstellaire n'est jamais au zéro absolu ! Avec une densité de 100 atomes par centimètre cube, une température de 100 kelvins, on trouvera que R est de l'ordre de 30 années de lumière ≃ 10 parsecs. Avec la température du fond de ciel (≃ 3 kelvins) qui règne dans l'espace environnant notre Galaxie, et une densité 10 000 fois plus faible (1/100e de celle de la galaxie moyenne), on trouve un rayon critique de 6 000 parsecs : un nuage plus grand se condenserait en... une galaxie ? Un nuage plus petit reste en équilibre, sans effondrement. Il ne s'agit là que d'estimations ; l'inégalité de Jeans permet seulement de calculer des ordres de grandeur. Elle conduit à des sous-estimations, dans la mesure où une turbulence non thermique augmente essentiellement la valeur de R_J.

Mais on pressent que des nuages interstellaires pourront, s'ils ne sont pas trop grands, avoir une durée de vie indéterminée ; une cause *extérieure* devra alors contribuer à abaisser R_J, par exemple en augmentant localement la densité ρ (ce pourra être la dissipation des mouvements turbulents initiaux) ou en diminuant la température, peut-être par le rayonnement.

A ce stade, peut-être n'est-il donc pas mauvais de rappeler que si la condensation d'une masse stellaire est très lente et surtout, si l'on ignore comment une masse plus importante (les grands nuages moléculaires ont des masses de l'ordre de 10^5-10^6 masses solaires) peut se fragmenter, on pense que ce mécanisme peut être produit par le passage d'une *onde de compression* dans un milieu dilué ; cette onde serait peut-être liée à la dynamique des bras spiraux de notre Galaxie : le milieu comprimé est alors instable vis-à-vis des tendances à la fragmentation ; à la surface d'un front d'onde, la fragmentation a lieu, de même que la condensation, la densité élevée permettant alors à l'inégalité de Jeans d'être vérifiée.

CHAPITRE IV

LES STADES TERMINAUX DE L'ÉVOLUTION STELLAIRE

Le lambeau de matière interstellaire s'est condensé. Les réactions thermonucléaires se sont « allumées ». L'étoile est adulte et l'équilibre atteint est durable.

1. Evolution d'une étoile massive

Cependant, le cœur de l'étoile s'appauvrit progressivement en hydrogène, lentement transformé en hélium (fig. p. 174 et 175).

Si $M > 1.7M_{\odot}$ (le cœur est alors convectif), la convection maintient uniforme la composition chimique ; la masse moléculaire moyenne augmente et le noyau convectif se réduit. La température centrale augmente légèrement, mais cependant assez pour compenser la diminution de l'abondance d'hydrogène : le taux de production d'énergie tombe au-dessous de la luminosité stellaire, et l'équilibre est maintenu par une contraction qui libère de l'énergie gravitationnelle et continue à chauffer les régions centrales jusqu'à ce que la température soit assez élevée dans les couches entourant le cœur pour y consumer l'hydrogène restant.

La source d'énergie dans ces couches gagne progressivement les masses extérieures au cœur, mais son extension diminue progressivement, cependant que le rayon stellaire augmente. La température centrale augmente et l'hélium va être affecté par les réactions

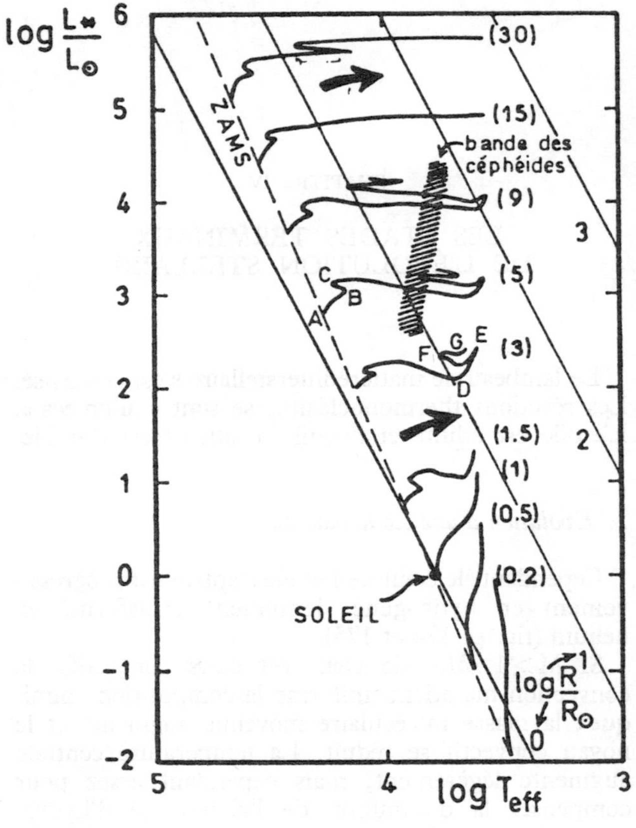

Evolution stellaire après l'âge adulte.
Notations identiques à celles de la figure page 169.
A : étoile « d'âge zéro ».
A à B : étoile sur la série principale.
B à C : épuisement de l'hydrogène central.
C à E : couche d'hydrogène en combustion nucléaire.
D : enveloppe convective profonde.
E à F : noyau d'hélium en combustion nucléaire.
F à G : épuisement de l'hydrogène central.
La zone grisée correspond aux phases de l'évolution où l'étoile, instable, peut devenir oscillante.

« triple alpha ». La zone convective intérieure se développe et, de ce fait, la luminosité augmente brutalement — tout comme se comporte l'étoile (mais *en sens inverse*) dans la phase convective de l'évolution primitive, celle de la phase de Hayashi (voir ci-dessus).

L'évolution continue : le cœur d'hélium brûle vite, c'est le flash de l'hélium ; puis le comportement évolutif ressemble à celui de l'épuisement de l'hydrogène. Peu à peu se fabrique une étoile où les couches successives, de compositions différentes, ressemblent à des pelures d'oignon. L'étoile ainsi stratifiée sera instable.

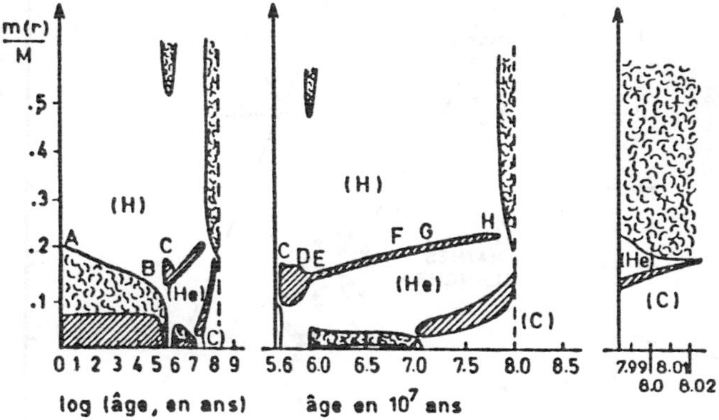

Evolution de la structure stellaire après l'âge adulte. Il s'agit d'une étoile massive.

Symboles : comme page 174, plus les suivants :

G. à H : couche d'hélium en combustion nucléaire.

H : fin de la combustion de la couche d'hydrogène.

Puis, amorçage des réactions du carbone, etc. En ordonnée, la fraction de la masse stellaire concernée ; sont indiquées par les lettres (H), (He), (C) les régions où ces éléments sont dominants (en (He), H est épuisé ; en (C), He est épuisé).

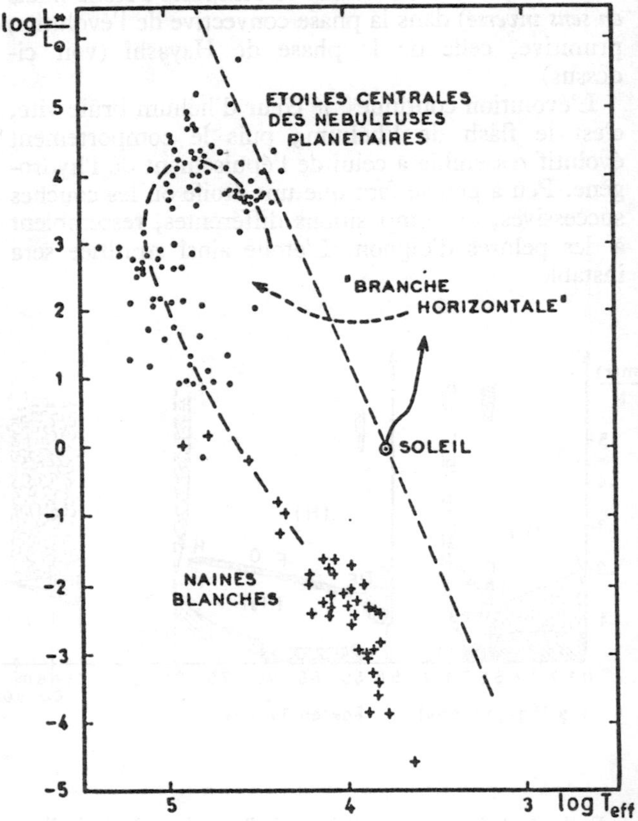

Evolution de la structure stellaire après l'âge adulte. Il s'agit d'une étoile peu massive évoluant vers l'état de naine blanche : l'évolution indiquée se produit après les stades tels que D (fig. page 173), pour une étoile de 1 masse solaire.

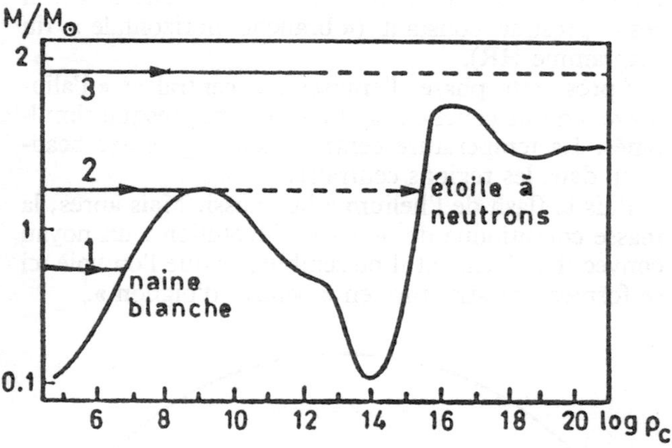

Evolution de la structure stellaire après l'âge adulte. Il s'agit d'une étoile massive.

L'évolution terminale d'une étoile dépend de sa masse. Pour une étoile d'une masse solaire, on a le trajet 1 ; si la masse dépasse une certaine valeur, alors on arrive au stade hyperdense d'étoile à neutrons, comme cette figure théorique l'indique, qui lie la masse totale avec la densité au centre de la configuration, dans un gaz dégénéré (relativiste).

2. *Evolution d'une étoile non massive*

Pour des étoiles de masse inférieure à $1.7M_{\odot}$, les choses se passent différemment. Le cœur est radiatif et la composition chimique ne varie pas avec la profondeur de façon abrupte, mais de façon régulière. Ceci se traduit (le calcul des modèles le montre) par une augmentation de la luminosité et une tendance modérée à l'accroissement du rayon stellaire. Mais les chaînes P-P sont peu sensibles à la température, si bien que la température centrale doit augmenter beaucoup pour que la production d'énergie équilibre la quantité d'énergie rayonnée ; l'effet de cette augmentation, contrairement à ce qui se passe pour les étoiles massives, est la décroissance du rayon. Les deux tendances se combattent, si bien que le rayon reste presque constant (« branche horizontale » du diagramme HR).

Après cette phase, l'épuisement central et « l'allumage » d'une couche d'hydrogène sont presque simultanés. La température centrale doit augmenter beaucoup dans les régions centrales.

Puis le flash de l'hélium a lieu aussi. Mais après, la masse conditionne de nouveau l'évolution : un noyau convectif se forme et il ne semble pas que l'on voie ici se former une structure en « pelures d'oignon ».

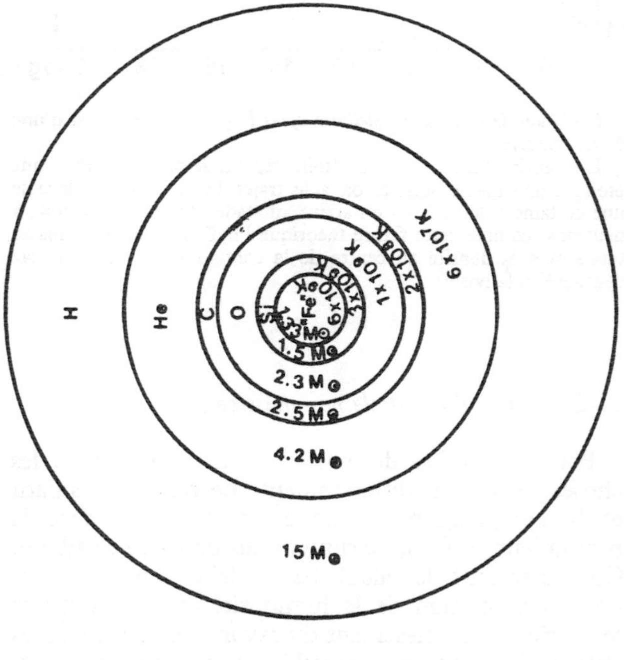

Une presupernova de 15 M⊙. Les couches successives de cette étoile massive sont (comme, essentiellement, à la fin de l'évolution de l'étoile de la figure de la page 175) « triées » ; l'édifice est instable ; et l'étoile éjectera dans l'espace les éléments lourds qui la composent. On voit, de l'intérieur vers l'extérieur, Fer, Silicium, Oxygène, Carbone, Hélium et Hydrogène.

3. Le stade de géante rouge

Toute cette évolution se situe dans la portion élevée du diagramme HR ; les rayons stellaires sont élevés, la température superficielle est basse : c'est la phase de « géante rouge ».

On notera que les étoiles traversent ce stade deux fois : en effet, elles ont été géantes rouges également avant l'arrivée au stade adulte. Or, pour l'observateur, ces deux passages très différents sont quasiment indiscernables ; car alors, les étoiles très jeunes et les étoiles très vieilles diffèrent seulement par la structure de leurs couches intérieures : l'étoile jeune est homogène, la température centrale de l'ordre du million de degrés, insuffisante pour les réactions thermonucléaires ; au contraire, l'étoile âgée a un cœur d'hélium et sa température centrale atteint cent millions de degrés. L'une se contracte, l'autre se dilate. Mais, à l'échelle de temps des observations, il n'y a pas moyen de les distinguer — sauf si elles appartiennent à des amas stellaires.

4. Ejection et effondrement

Il est difficile de calculer l'évolution ultérieure des étoiles évoluées. Mais une description au moins qualitativement justifiée reste possible. Une « catastrophe » se produit faute, désormais, de sources suffisantes d'énergie thermonucléaire, catastrophe dont le stade terminal dépend de la masse de l'étoile concernée.

Les résidus de faible masse ($\leqslant 1.2$ à $1.4 M_{\odot}$) sont des naines blanches (voir ci-dessus paragraphe II, 2 concernant l'équation d'état). Les étoiles plus massives sont amenées à perdre de la masse (par le phénomène de supernova) ; donc, elles libéreront une quantité notable d'énergie gravitationnelle, ce qui impose un état de condensation final très élevé, $\rho \simeq 10^{15}$g cm^{-3} (par opposition aux naines blanches, où $\rho \simeq 10^6 g\ cm^{-3}$). De tels résidus sont des étoiles à neutrons dans lequel le milieu est si « tassé » qu'il n'existe plus d'édifices nucléaires stables et qu'on observe comme pulsars. La théorie de la condensation (indépendamment ou après l'éjection de masse) conduit à une relation simple entre masse et densité centrale. Au-delà d'une densité critique ρ_c, l'effondrement conduit à un état encore plus condensé (collapsars ou trous noirs).

On notera que naines blanches aussi bien qu'étoiles à neutrons sont en rotation rapide, et même très rapide, puisqu'au cours de l'effondrement le moment angulaire est conservé (si l'étoile n'a subi des éjections de matière que par les pôles).

Les naines blanches, issues des étoiles de masse faible, se sont effondrées avant que l'étoile n'ait eu le temps de brûler tous ses « carburants » nucléaires. Elle n'a pas non plus nécessairement éjecté violemment sa masse ; cette perte s'est sans doute produite assez régulièrement par un « vent », et sans véritable catastrophe ; d'autre part, la pression centrale était trop faible pour y maintenir la température nécessaire aux réactions thermonucléaires les plus extrêmes de la chaîne décrite ci-dessus, qui ne sont pas déclenchées.

Cependant, la masse éjectée par le vent stellaire continue à se distribuer autour de la naine blanche : les phases intermédiaires entre la géante rouge et la naine blanche effondrée correspondent à des « nébuleuses planétaires », telles celles de la Lyre, si souvent reproduite, où une couche de gaz éjecté entoure une étoile en rapide contraction.

Les étoiles plus massives ne se comportent pas ainsi, avons-nous dit. La catastrophe qui advient est certes brutale — c'est le phénomène de « supernova » — mais leurs structures se sont rapidement et profondément modifiées. La température centrale a beaucoup augmenté, la pression centrale ayant crû très vite sous le poids stellaire ; les carburants nucléaires se sont épuisés les uns après les autres, donnant à l'étoile massive sa structure instable en pelures d'oignon

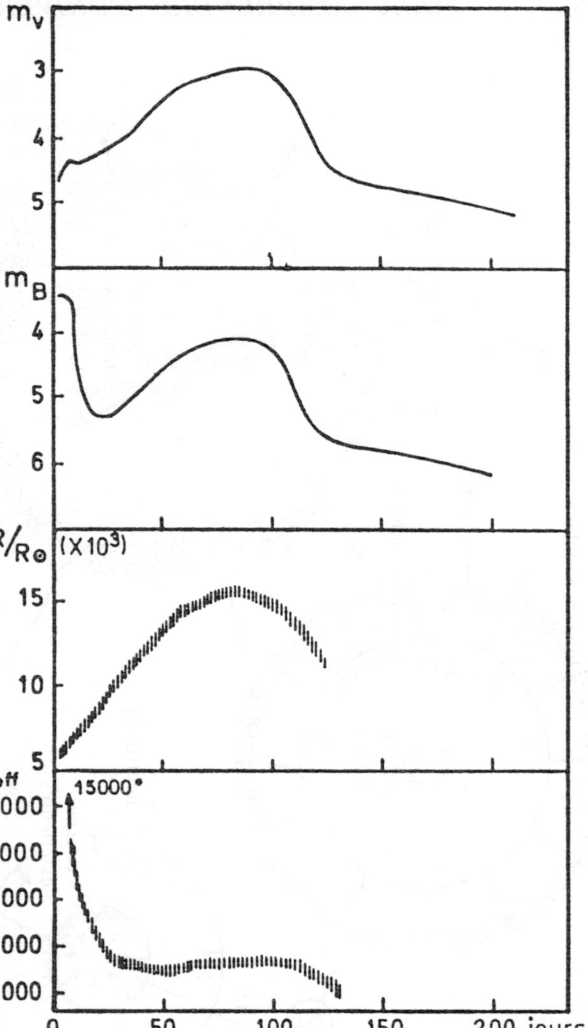

Evolution d'une supernova : la supernova 1987 A.

a) En abscisse, le temps. En ordonnées, du haut en bas, magnitude visuelle, magnitude bleue, rayon stellaire (en unité de rayon solaire) et température effective stellaire. On note que l'explosion implique des rayonnements « bleus », donc de plus haute énergie.

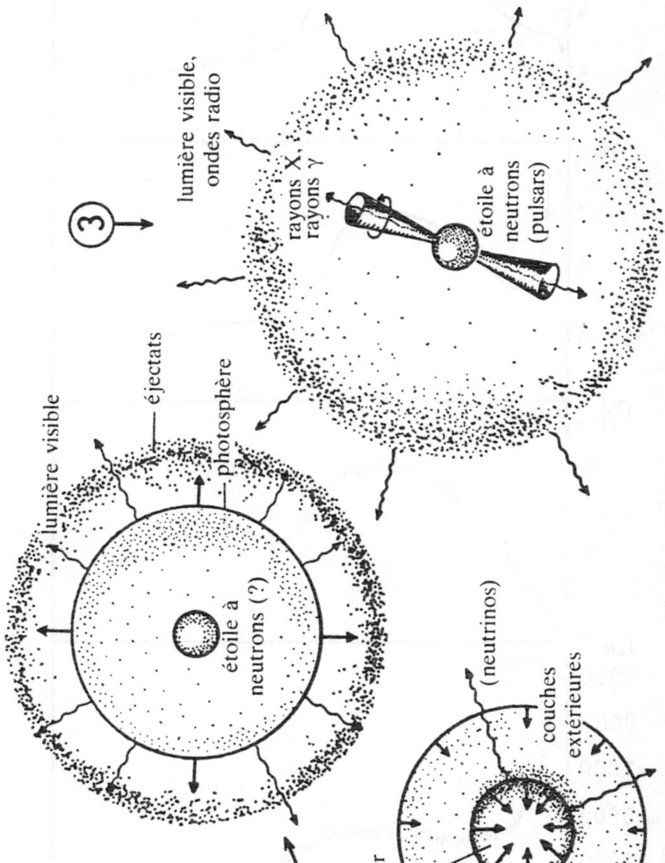
1
cœur de fer
couches extérieures
(neutrinos)
2
étoile à neutrons (?)
lumière visible
éjectats
photosphère
3
lumière visible, ondes radio
rayons X, rayons γ
étoile à neutrons (pulsars)

d'éléments différents, les plus lourds étant installés dans les régions centrales.

Or cette situation est instable, nous l'avons souligné. En fait, la question importante est de savoir si l'effondrement a lieu avant l'éjection brutale de masse, ou après celle-ci. Il semble bien que le déroulement des processus antérieurs à la catastrophe soit le suivant : lorsque le carburant central est épuisé et que, puisque pour détruire les noyaux plus lourds encore il faudrait une température bien supérieure, l'étoile s'effondre ; mais l'effondrement est très rapide au centre, plus lent dans les régions extérieures.

Pendant cet effondrement central rapide, le taux de capture des électrons par les noyaux lourds est de plus en plus élevé ; il y a alors une émission abondante de neutrinos (voir Appendice V, pages 205-208) ; mais,

Evolution d'une supernova : la supernova 1987 A.

b) Le déroulement d'une explosion de supernova comme 1987 A est relativement bien compris. Le début est marqué par l'effondrement du cœur de l'étoile mère (1). Sous l'effet de la gravité, les atomes de fer se recombinent au centre en un noyau de matière très dense, faite de neutrons (étoile à neutrons). Ils libèrent une grande quantité de neutrinos, particules interagissant très peu avec la matière et qui peuvent donc s'échapper rapidement emportant avec elles plus de 99 % de l'énergie libérée dans l'effondrement ($3\ 10^{53}$ ergs). Le reste de cette énergie (10^{51} ergs) est transféré sous forme mécanique aux couches extérieures (éjectats) qui subissent alors une expansion à des vitesses de plus de 10 000 km^{-1} (2). Finalement, seule une faible fraction de l'énergie totale (10^{49} ergs) est convertie en rayonnement grâce auquel la supernova a été détectée. C'est la phase actuelle de la supernova, dans laquelle le rayonnement visible est émis par une couche appelée photosphère, la surface d'une boule de gaz chauds qui se refroidit en subissant une expansion. Dans le futur, lorsque les couches externes seront devenues transparentes, on peut s'attendre à observer le rayonnement de haute énergie (rayons X et γ) de l'étoile à neutrons qui s'est formée au centre (pulsar). Il est également possible que l'émission de la supernova soit ravivée lorsque l'onde de choc générée au cours de l'explosion et les éjectats atteindront la matière circumstellaire (3). Le calendrier est cependant très incertain, cette phase ultime pouvant débuter dans quelques mois et se dérouler sur des milliers d'années. L'histoire de la supernova 1987 A ne fait que commencer (Alloin D., Schatzman E., in : *La supernova 1987 A*, La Recherche, n° 194, pp. 1494-1502, 1987, et Montmerle T., Pcantzos, N., *Soleils éclatés*, 1989, CNRS-CEA.

dans une phase ultérieure, la densité devient telle que ces neutrinos ne peuvent plus quitter l'étoile ; il se constitue un milieu dégénéré de neutrinos électroniques. L'effondrement finit par s'arrêter à une densité de l'ordre de 2 10^{14}g cm^{-3} dans une sphère de rayon de l'ordre de 100 km. Alors la région intérieure (nucléons dégénérés) « rebondit » en quelque sorte, cependant que la région extérieure tombe encore. Ce phénomène engendre une onde de choc qui déclenche l'expulsion du nuage de la supernova en balayant les régions extérieures. Parmi ses effets secondaires, il faut noter la destruction des noyaux lourds puis la capture des électrons par les protons libérés. Ce phénomène entraîne la production de neutrinos électroniques qui, cette fois, peuvent s'éliminer du milieu et devenir observables pour les observateurs terrestres.

La durée de cette phase est rapide : en 10 millisecondes (!), les neutrinos formés peuvent éliminer de 1 à 3 10^{51} ergs.

Il est intéressant et important de noter que, quelle que soit la masse, faible ou grande, de l'étoile initiale, la masse de l'étoile effondrée, naine blanche ou étoile à neutrons, est du même ordre de grandeur. Ceci est dû essentiellement à l'existence d'une *masse critique* au-dessus de laquelle la naine blanche n'est pas stable. Il ne peut donc pas y avoir de condensation régulière d'une étoile de grande masse : ou bien c'est l'explosion de la supernova et l'éjection d'une masse considérable, laissant le résidu peu massif sous forme d'étoile à neutrons, ou bien, si l'explosion n'a pas lieu, c'est l'effondrement vers la naine blanche, puis vers l'étoile à neutrons ; mais c'est alors que l'explosion aurait lieu, entre ces deux phases.

Cette dernière remarque suggère l'existence de plusieurs processus de type supernova. De fait, il existe des types de supernovae très différents par la valeur de l'éclat absolu maximum atteint, par la couche éjectée, par la forme de la courbe de lumière, comme par les caractéristiques spectrales. On comprend mal la genèse différentielle de ces objets. Mais, dans le paragraphe suivant, un autre type

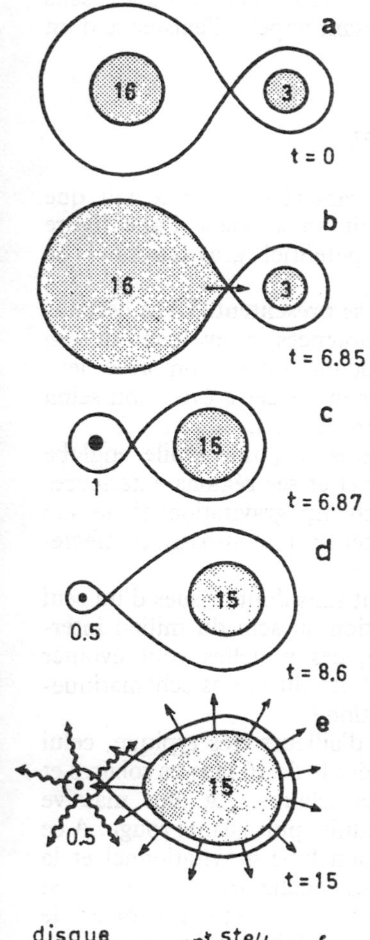

Evolution d'une étoile double.
a) Formation du système binaire : période de révolution : 3 jours.
b) L'étoile massive remplit l'équipotentielle critique : commencement du transfert de matière.
c) Fin du transfert de matière; l'étoile la plus massive est réduite à son cœur d'hélium; la période tombe à 1,53 jour.
d) L'étoile à hélium explose en supernova et éjecte la moitié de sa masse. Le reste forme une étoile à neutrons; la période passe à 2,17 jours.
e) L'étoile massive approche l'équipotentielle critique. Une partie de la ıtière qu'elle perd tombe sur l'étoile à neutrons, qui se transforme en source X.
f) L'étoile double a atteint un stade avancé où la composante qui était primitivement la plus massive est devenue un objet compact (étoile à neutrons, peut-être trou noir). La matière éjectée par le compagnon sous forme de vent stellaire se rassemble en un disque d'accrétion autour de l'objet compact, avant de tomber sur celui-ci en émettant un rayonnement X.
(D'après J.-P. Zahn, *L'Astronomie*, Flammarion.)

d'évolution terminale est cependant évoqué, sans doute très fréquent, et faisant appel à l'existence d'un compagnon.

5. La fin d'une étoile double

Une étoile double est caractérisée par le fait que chaque composante définit un « lobe » d'une figure commune décrivant le potentiel gravitationnel de l'ensemble.

Plusieurs cas de figure se présentent. Dans certains cas, les étoiles sont très éloignées, et évoluent au sein de leur lobe sans qu'aucune interaction avec leur compagnon ne vienne perturber cette évolution selon les schémas que nous avons décrits.

Cependant, dans d'autres cas, une étoile englobe tout son lobe gravitationnel et ses régions extérieures sont donc soumises au champ gravitationnel de son compagnon. Ainsi, l'existence du compagnon affecte-t-elle l'évolution.

Ces binaires serrées sont sans doute issues d'un seul phénomène de condensation au sein du milieu interstellaire : nées ensemble, ces jumelles vont évoluer ensemble. Comment peut-on, au moins schématiquement, décrire cette évolution ?

Donnons un exemple, d'ailleurs très typique, celui d'un couple formé d'une étoile de 16 masses solaires et d'une étoile de 3 masses solaires. La plus massive évolue vite ; elle devient adulte puis géante rouge. A ce moment-là, elle sort de son lobe gravitationnel et la matière qui en constitue les couches extérieures est, en quelque sorte, aspirée par le compagnon à travers le point commun aux deux lobes, le « point de Lagrange », où l'influence gravitationnelle de chaque étoile équilibre celle de l'autre. Alors, le compagnon lourd perd de la masse, l'autre en gagne ; les rôles s'inversent — et reste seul, du côté de la plus évoluée, le cœur d'hélium. Cette dernière évolue, comme nous l'avons déjà décrit plus haut, plus vite même sans doute, jusqu'au phénomène de supernova, insensible désormais à ce qui se passe du côté de l'étoile la moins évoluée ; il ne reste plus que l'étoile à neutrons... Mais le compagnon devient aussi une géante rouge et absorbe à son tour le point de Lagrange. Le vent stellaire environne l'étoile à neutrons qui voit se former autour d'elle une région d'accrétion, laquelle, en raison de la rotation rapide de l'étoile en son centre, prend la forme d'un disque très aplati. Cette rapide injection est à l'origine d'un rayonnement X très important, et ces binaires X en fin d'évolution ont été souvent observées (exemple : α du Centaure).

L'accrétion de masse pour l'étoile hyperdense qu'est l'étoile à neutrons peut produire un stade stellaire encore plus condensé, le « trou noir », où le champ gravitationnel est si élevé que ni matière ni lumière ne pourront plus s'en échapper, ce « trou noir » étant plutôt un « hyper-plein rayonnant » (par sa surface en voie d'accrétion) — source X et radio intense.

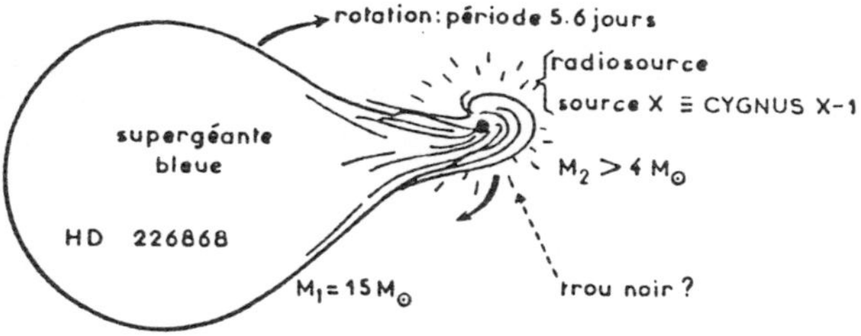

L'étoile HD 226868. Son compagnon est-il un trou noir ?

Bien entendu, des étoiles binaires moins massives évoluent sans que se déclenche le phénomène de supernova ; si elles sont assez serrées, cependant, les échanges de masse auront lieu également. D'un côté, une naine blanche ; de l'autre, une étoile en évolution devenant géante rouge : l'accrétion ne forme pas une binaire X mais une étoile de genre U Gem, ou une « nova ». Seuls les phénomènes superficiels actifs se déclenchent, sans modification profonde de l'étoile réceptrice. Ce phénomène est plus fréquent que celui décrit précédemment, d'abord parce que les étoiles peu massives sont très nombreuses, mais aussi parce que les phénomènes actifs et les éruptions de nova peuvent affecter la même étoile à intervalles plus ou moins réguliers pendant des périodes très longues. Les novae « récurrentes » sont très nombreuses, une centaine par an et par galaxie, contre une dizaine de supernovae.

Il reste que l'origine des paires d'étoiles serrées est difficile à comprendre et constitue l'un des problèmes à la pointe de l'actualité de l'astrophysique d'aujourd'hui.

CHAPITRE V

UNE SYNTHÈSE OBSERVABLE : L'ÉVOLUTION DES AMAS D'ÉTOILES

De même que les étoiles doubles serrées évoluent ensemble, les étoiles appartenant à des amas ou à des associations évoluent ensemble. Cependant, nous considérerons que le champ gravitationnel de chaque étoile n'est pas influencé par celui des autres étoiles.

Dans ces conditions, les étoiles d'un amas ou d'une association diffèrent seulement par leur masse. Elles ont une composition chimique initiale identique (qui peut seulement différer d'amas à amas). Si bien que le diagramme couleur-magnitude d'un amas contrairement au diagramme HR d'un ensemble stellaire plus vaste (qui est pourtant aussi un diagramme couleur-magnitude) donne une vision instantanée d'un groupe d'étoiles du même âge, mais de masses différentes.

Des amas jeunes auront à peine atteint la séquence principale pour les étoiles les plus massives, et pas encore pour les étoiles les moins massives. Dans le cas des amas âgés, au contraire, si leurs étoiles les moins massives sont encore sur la série principale, les étoiles les plus massives en seront déjà sorties, ayant déjà atteint le stade de géante rouge, ou l'ayant parfois dépassé.

La théorie permet, avant, pendant et après ce que nous avons nommé la phase adulte de la vie stellaire, de tracer le chemin évolutif d'une étoile de masse donnée et de composition chimique initiale donnée. En groupant les points représentatifs d'étoiles de même âge et de masses différentes, on obtient des

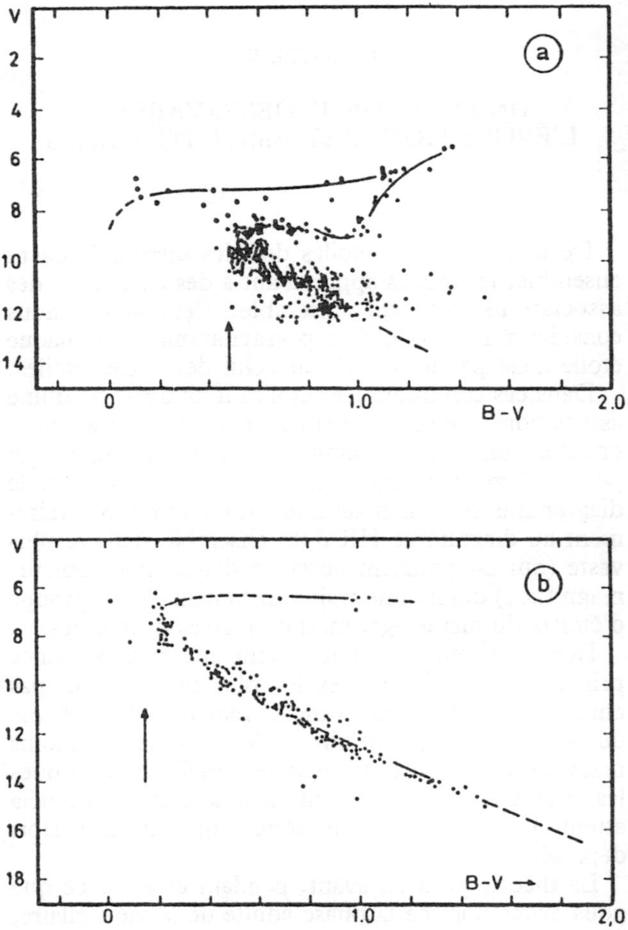
V
2
4
6
8
10
12
14
0
1.0
2.0
B - V
a
V
6
8
10
12
14
16
18
0
1.0
2,0
B-V
b

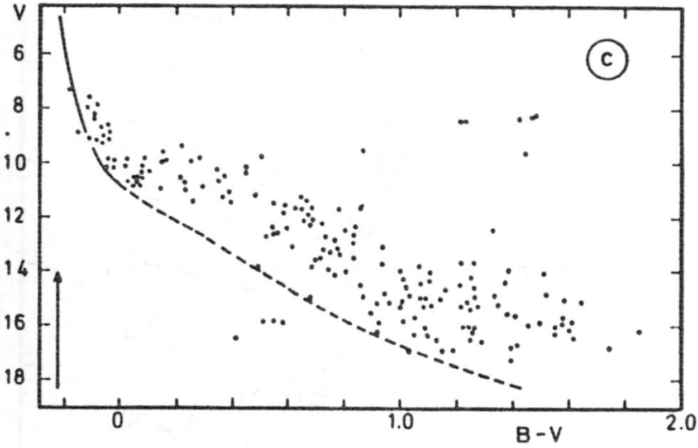

Diagramme magnitude — couleur de trois amas typiques.
a) L'amas vieux M 67.
b) L'amas jeune Praesepe.
c) L'amas très jeune NGC 2264.

En abscisse, la couleur B-V. En ordonnée, la magnitude V dans le domaine visible. On a figuré la ligne moyenne qui représente le lieu des points où l'évolution stellaire est arrivée en un temps donné, ou « ligne isochrone ». En pointillé en c, on a extrapolé la portion de la ligne isochrone représentée en plein à la région du diagramme non encore atteinte par les étoiles en formation. Dans chaque diagramme, les flèches qui représentent les étoiles les plus bleues de l'amas, dans la région des naines, correspondent au point où les étoiles ont quitté la série principale; on voit que ce point est d'autant plus à droite dans le diagramme que l'amas est plus vieux. On notera dans le cas de M 67 la « branche horizontale » du diagramme correspondant au début de l'évolution vers les étoiles hypercondensées (naines blanches, etc.).

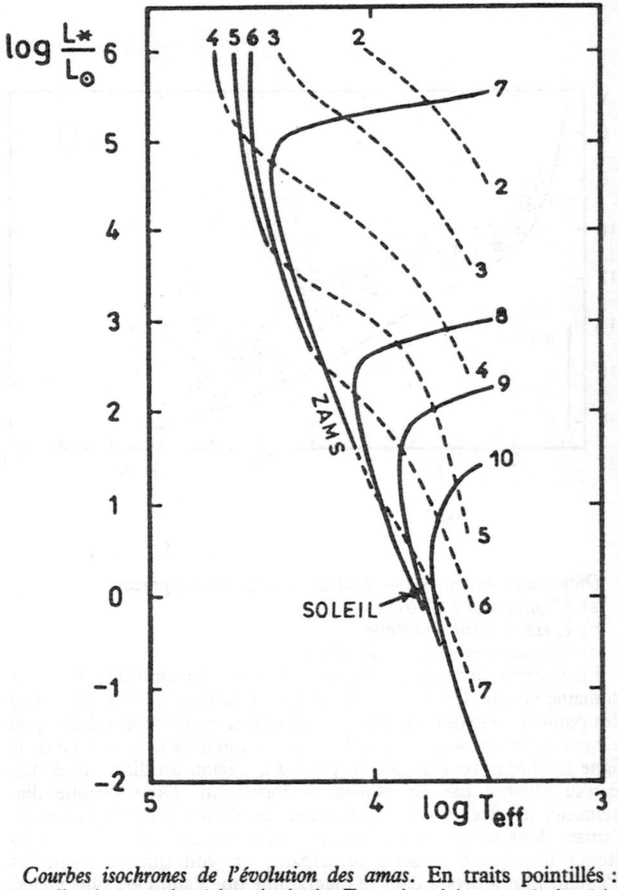

Courbes isochrones de l'évolution des amas. En traits pointillés : avant l'arrivée sur la série principale. En traits pleins : après la série principale. Les chiffres correspondent à des familles d'objets de masse différente et d'âge égal ; le chiffre figurant sur chacune des courbes représente la puissance de 10 correspondant à cet âge. Ainsi 2 correspondant à des étoiles de 100 ans, 10 à des étoiles de 10 milliards d'années.

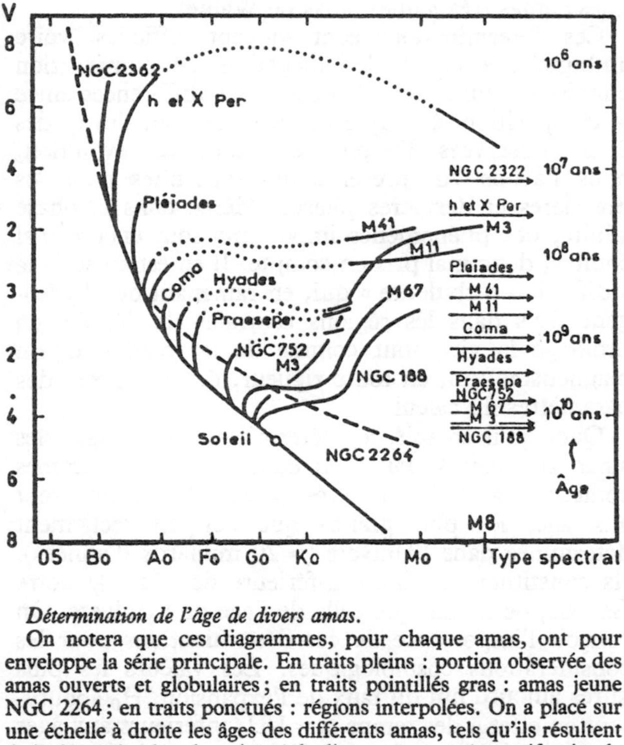

Détermination de l'âge de divers amas.

On notera que ces diagrammes, pour chaque amas, ont pour enveloppe la série principale. En traits pleins : portion observée des amas ouverts et globulaires ; en traits pointillés gras : amas jeune NGC 2264 ; en traits ponctués : régions interpolées. On a placé sur une échelle à droite les âges des différents amas, tels qu'ils résultent de la détermination du point où le diagramme représentatif quitte la série principale.

schémas « isochrones » (page 192) qui doivent ressembler aux diagrammes couleur-magnitude observés et permettre de déterminer l'âge des amas : amas âgés amas globulaires ; amas jeunes amas ouverts galactiques ; amas très jeunes amas de Walker.

Ces déterminations sont souvent difficiles, voire ambiguës, à cause des inégalités de composition chimique d'un amas à l'autre et des différences entre la composition chimique des modèles calculés et des étoiles observées. De plus, la théorie de l'évolution, nous l'avons vu, présente des difficultés dans les premières et dernières phases. Même dans la phase adulte, des phénomènes importants sont encore mal connus, donc mal pris en compte. Il en est ainsi de la « diffusion turbulente » qui, en ramenant de l'hydrogène frais dans les régions centrales de l'étoile, en prolonge la vie ; tout comme de la rotation et du magnétisme qui, en toute rigueur, devraient être des paramètres du calcul.

Quoi qu'il en soit, les déterminations des âges des amas globulaires, faites en étudiant les diagrammes couleur-magnitude observés (page 193), aboutissent aux âges les plus grands que l'on ait réellement déterminés dans l'Univers ($\simeq 20$ milliards d'années). Ils constituent la limite inférieure de l'âge de notre Galaxie, de même que celle de l'âge de l'Univers. On conçoit l'importance de ces déterminations pour les considérations cosmologiques. Les valeurs les plus sûres aujourd'hui du taux de l'expansion. H_0 aboutissent en effet à des temps $t_0 \simeq 1/H_0$ inférieurs aux âges des amas ci-dessus obtenus. Il faut en conclure que les modèles d'Univers relativistes en expansion, les plus simples, à constante cosmologique Λ nulle — c'est-à-dire les modèles de Friedmann — ne sont pas compatibles avec les travaux modernes sur l'évolution stellaire. Cette discussion n'est pas le sujet de ce chapitre et nous n'en dirons donc pas plus sur cette question.

Revenons aux amas.

Les amas globulaires, très anciens, se sont formés au début de la vie de notre Galaxie, dans un milieu peut-être encore pauvre en hélium et certainement en éléments lourds ; les amas ouverts, assez jeunes, se sont formés dans un milieu déjà plus riche en hélium et surtout en éléments lourds. Cette différence n'affecte guère les âges déterminés, mais elle peut affecter les échelles de magnitude absolue. En effet, la comparaison des diagrammes empiriques des divers amas et celle des diagrammes théoriques exige un « glissement » parallèle à l'axe des magnitudes (vertical sur les figures de cet article). Ce glissement détermine les magnitudes absolues, donc les distances des amas observés dont seules les magnitudes apparentes sont connues. Or les séries principales des amas théoriques dépendent de l'abondance d'hélium et d'éléments lourds, mais d'une façon qui dépend peu du type spectral (de la couleur) des étoiles. Ceci a pour conséquence que les étoiles des amas globulaires ont, à type spectral identique, un éclat plus faible d'un facteur 2 à 3 environ, correspondant ($\Delta m = 2.5 \Delta \log L$) à une différence d'environ 0.8 à 1.2 magnitudes, ce qui est grand.

CONCLUSION

On voit que l'évolution stellaire, à peine soupçonnée au début du siècle, est, dans ses grandes lignes, si bien comprise aujourd'hui que les observations confirment les prédictions de la théorie dans les moindres détails au moins des phases non catastrophiques de cette évolution.

Il est bien clair que les étoiles apparaissent dans un milieu interstellaire riche, le plus souvent par familles qui vont se disperser progressivement, sauf si elles sont assez « nombreuses ». Il est clair également que, dans cette apparition, ce sont les compressions locales, puis la force de gravitation qui déclenchent l'évolution. L'échauffement venu, l'étoile devient ensuite une usine nucléaire ; les éléments lourds s'y fabriquent au détriment de l'hydrogène ; le rayonnement évacue vers le milieu interstellaire l'énergie produite dans l'étoile. Arrive un moment où, devenue instable, l'étoile ne peut plus lutter contre la gravitation : son effondrement est de type catastrophique, accompagné d'une perte de matière plus ou moins importante vers le milieu interstellaire — qui s'enrichit donc en éléments plus lourds que l'hydrogène — et au sein duquel se formeront d'autres générations d'étoiles.

L'évolution stellaire est donc la clé de l'évolution galactique : celle-ci est cependant moins bien comprise, dans la mesure où les phases catastrophiques de l'évolution stellaire sont les moins bien connues ; or ce sont celles qui influencent le plus les milieux dilués de la Galaxie.

On peut sans doute en dire autant au sujet de l'évolution de l'Univers observable. La connaissance de l'évolution stellaire et galactique n'est donc sans doute que le premier pas vers la connaissance de l'évolution de l'Univers ; et c'est peut-être de la connaissance des milieux dilués de l'Univers et de leur évolution que viendront les progrès décisifs — plutôt que de considérations trop globales et trop conceptuelles.

APPENDICE I

UNITÉS

On utilise actuellement les unités du système international SI. Mais les astronomes sont restés fidèles à des unités plus classiques pour eux, notamment celles du système cgs (centimètre, gramme, seconde, dyne, erg). Les points et virgules décimaux sont utilisés indifféremment (points : comme dans la littérature internationale ; virgules : comme l'indique la tradition scolaire française). On définira les relations entre ces diverses unités comme suit :

Longueur :

unité SI : mètre (m)
unité astronomique (UA) : 1 UA = 1,49597870 10^{11} m
année de lumière (al) : 1 al = 9,4605 10^{15} m
parsec (pc) et unités dérivées : mégaparsec (Mpc) :
1 pc = 3,26 al = 2,06 10^5 UA = 3,0857 10^{16} m
Angström (Å) : 1 Å = 10^{-10} m = 0,1 nm (nanomètre)
micron (μm) : 1 μm = 10^{-6} m (noté actuellement μm, est désigné par le mot « micromètre » dans le système SI ; noté anciennement μ).

Masse :

unité SI : kilogramme (kg)
En astronomie, on se réfère souvent à la masse du Soleil ou de la Terre.

Temps :

unité SI : seconde (s)
En astronomie, on utilise aussi l'année (a), le jour (j),

l'heure (h), la minute (mn). On doit prévenir le lecteur contre l'utilisation aberrante, trop courante, du mot « année-lumière » pour désigner un temps ou une durée : c'est, on l'a dit, une longueur.

Fréquence :

A une seconde correspond le s^{-1} (ou Hz, pour hertz).

On utilise les unités dérivées kHz, MHz — autrefois désignées par les mots « kilocycles » ou « mégacycles ».

Unités sans dimension :

On utilise le degré d'angle °, divisé en minutes d'arc (′) et en secondes d'arc (″), et le radian (1 rad = 57,29578 degrés). Ne jamais utiliser les symboles ′ et ″ pour des minutes et des secondes de temps !

Energie :

Unité SI : joule (J) : 10^7 ergs

électron-volt : 1 eV = 1,6 10^{-19} J (et multiples : keV, MeV...)

Calories :

calorie : 1 cal = 4,1854 J (calories IT) (énergie nécessaire pour élever de 1° la température de 1 g d'eau)

grande calorie : 1 Cal : 1 kcal = 10^3 cal

Force :

unité SI : 1 newton (N) = 10^5 dynes

Puissance :

unité SI : J s^{-1} (watt)

Charge électrique :

unité SI : 1 coulomb (C)

1 C = 0.10 unités emu (électromagnétiques)

1 C = 2,997925 10^9 unités esu (électrostatiques)

APPENDICE II

GRANDEURS FONDAMENTALES PHYSIQUES ET ASTRONOMIQUES

Vitesse de la lumière	$c = 2{,}99792458\ 10^{8}\ ms^{-1}$
Constante de Cavendish de la gravitation universelle	$G = 6{,}6720\ 10^{-11}\ m^{3}kg^{-1}s^{-2}$
Constante de Planck	$h = 6{,}626\ 176\ 10^{-34}\ J$
Constante de Boltzmann	$k = 1{,}380\ 662\ 10^{-23}\ JK^{-1}$
Constante de Stefan	$\sigma = 5{,}67032\ 10^{8}\ Jm^{-2}K^{-4}s^{-1}$
Masse de l'électron	$m_e = 9{,}1096\ 10^{-31}\ kg$
Charge de l'électron	$e = 1{,}602\ 189\ 2.10^{-19}\ C$ (10^{-20} unités emu) $e = 4{,}80325\ 10^{-10}$ unités esu
Masse du proton	$m_p = 1{,}6726\ 10^{-27}\ kg$
Nombre d'Avogadro	$N = 6{,}022045\ 10^{23}\ mole^{-1}$
Constante des gaz parfaits	$R = 8{,}31441\ JK^{-1}\ mole^{-1}$
Rayon du Soleil	$R_\odot = 6{,}960\ 10^{8}\ m$
Masse du Soleil	$M_\odot = 1{,}9891\ 10^{30}\ kg$
Densité moyenne du Soleil	$\rho_\odot = 1{,}409\ 10^{3}\ kg\ m^{-3}$
Luminosité du Soleil	$L_\odot = 3{,}827\ 10^{26}\ J\ s^{-1}$
Rayon équatorial de la Terre	$R_\oplus = 6\,378\,140\ m$
Masse de la Terre	$M_\oplus = 5{,}976\ 10^{24}\ kg$

APPENDICE III

LE THÉORÈME DU VIRIEL

1. L'étude du mouvement d'un système de masses bien défini et dont l'énergie potentielle varie de façon simple d'un point à un autre est facilitée par le « théorème du viriel ».

2. Considérons la dérivée seconde $\frac{d^2I}{dt^2}$ du moment d'inertie I du système considéré, calculée par rapport à son centre de gravité G.

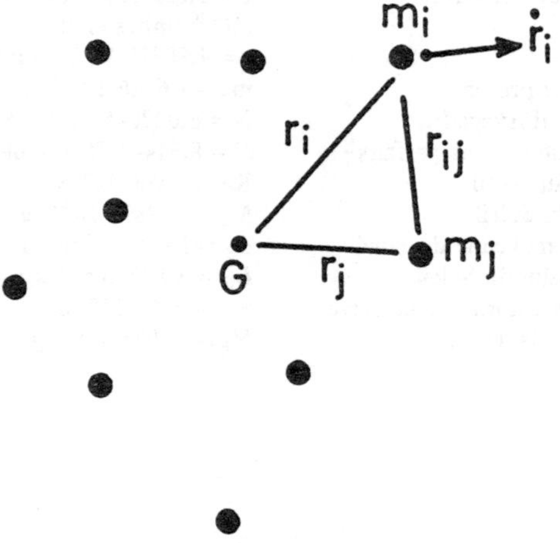

(i) $I = \Sigma\, m_j r^2_j$

Les vitesses $\dot{r}_i$, les accélérations $\ddot{r}_i$ doivent intervenir dans $\frac{d^2I}{dt^2}$. On calcule donc cette quantité, sachant que les quantités évoluent dans le respect des équations du mouvement.

L'énergie cinétique est :

(ii) $T = \frac{1}{2} \Sigma\, m_i \dot{r}^2{}_i$

et l'équation du mouvement est :

(iii) $m_i \ddot{r}_i = -\,\mathrm{grad}\ \Phi$

où le potentiel Φ est défini par :

(iv) $\Phi = -\,G \sum_{ij} \frac{m_i m_j}{r_{ij}}$

On montre sans mal que $\frac{d^2I}{dt^2}$ est égal à la quantité $2T + \Phi$, dite « viriel ».

3. Or le caractère régulier, non catastrophique, de l'évolution impose que I varie « régulièrement » (fonction linéaire du temps, par exemple) :

$\frac{d^2I}{dt^2} = 0$ soit $2T + \Phi = 0$

Cette équation, associée à l'expression de l'énergie mécanique totale $W = T + \Phi$ montre comment se distribue cette énergie entre ses deux formes, potentielle et cinétique. On a alors $W = -\,T$ ou $W = \Phi/2$. Plus généralement, si $W < 0$, on a des « systèmes d'énergie négative », toujours stables.

4. Plus généralement, d'autres types d'énergie peuvent intervenir.

Si l'énergie thermique $U = \rho\, k\, T$ intervient, le théorème s'écrit :

$2T + \Phi + 3\,(\gamma - 1)\,U = 0$

Si une pression extérieure s'exerce sur un gaz de volume V, le théorème s'écrira $\left(\text{avec } \gamma = \frac{5}{3}\right)$:

$2\,U + \Phi - 3\,p\,V = 0$

Notons que si Φ est négligé, on retrouve la loi de Mariotte-Gay-Lussac. Si p est négligé, on retrouve l'équilibre entre gravitation et soutien thermique.

Hors équilibre (mais hors catastrophe, si l'on peut dire), on a :

$2T + \Phi + 3\,(\gamma - 1)\,U - 3\,p\,V = 0$

On peut encore généraliser le théorème du viriel en introduisant des forces ne dépendant pas d'un potentiel.

APPENDICE IV

RELATIONS ENTRE PARAMÈTRES PRINCIPAUX DE LA STRUCTURE STELLAIRE

Les relations homologues ci-après, solutions de première approximation des équations de la page 144, correspondent essentiellement aux modèles standards de la série principale ; mais, avec des valeurs adéquates de ν, on peut les étendre à d'autres séquences.

(1) $\left(\frac{L}{L_\odot}\right) = \left(\frac{\mu}{\mu_\odot}\right)^{7+s} \frac{1}{\varkappa_0} \frac{(M/M_\odot)^{5+s+\alpha}}{(R/R_\odot)^{s+3\alpha}}$ (relation masse-luminosité)

(2) $\left(\frac{L}{L_\odot}\right) = \left(\frac{\mu}{\mu_\odot}\right)^{\nu} \varepsilon_0 \frac{(M/M_\odot)^{2+\nu}}{(R/R_\odot)^{3+\nu}}$

$L_\odot$, $R_\odot$, $M_\odot$, $\mu_\odot$ sont respectivement la luminosité, le rayon, la masse, la masse moléculaire moyenne du Soleil.

L'opacité est $\varkappa = \varkappa_0 \rho^{1-\alpha} T^{(3+s)}$, et les paramètres α et s dépendent du type d'atomes absorbants. Pour la loi usuelle de Kramers, $\alpha = 0$ et $s = 0.5$.

L'émissivité $\varepsilon = \varepsilon_0 \rho T^\nu$ dépend du type de réactions nucléaires dominantes ($\nu \sim 17$ pour le cycle CNO, $\nu \sim 4$ pour les réactions p-p).

La masse moléculaire moyenne μ du milieu complètement ionisé s'écrit en première approximation :

$\mu = (2\,X + 3/4\,Y + 1/2\,Z)^{-1}$

où X : Y : Z sont les proportions respectives des nombres d'atomes d'hydrogène, d'hélium et d'éléments lourds ($X + Y + Z = 1$).

APPENDICE V

LA NEUTRINO-ASTRONOMIE

1. Tout au long de ce chapitre, on a vu l'intervention des *neutrinos*.

Il s'agit de *particules* produites lors des diverses réactions nucléaires intervenant dans la production d'énergie des étoiles.

Or on sait que la quasi-totalité des informations obtenues sur le monde astrophysique résulte de l'étude du message lumineux qui nous en parvient, du spectre des *ondes* électromagnétiques associées aux *photons* émis par les régions extérieures des étoiles. L'intérieur des étoiles est opaque ; et décrypter le message donne des informations directes sur les seuls régions extérieures, l'atmosphère. L'intérieur des étoiles nous est directement invisible ; seule la théorie permettra de traduire ce qui se passe dans l'atmosphère stellaire en données sur les conditions physiques intérieures. Les photons très énergétiques émis au cœur de l'étoile sont absorbés, réémis, réabsorbés, réémis... des milliards de fois avant de sortir de l'étoile, plus nombreux et chacun d'une énergie moyenne moindre, caractéristique de la température peu élevée des atmosphères (Doc. A, p. 206).

En revanche, aux neutrinos, tout est transparent. Ils viennent directement du cœur des étoiles et le très petit nombre que nous pouvons en capturer nous renseigne sur les conditions physiques dans ce cœur. Cela fait peu d'années que l'on sait mesurer leur flux. Mais en ces quelque trente années, on a pu déjà mettre sur pied les bases d'une neutrino-astronomie qui, demain, capable de mesurer séparément les neutrinos de diverses énergies venus du Soleil (proche) et des éruptions de supernovae (extrêmement puissantes), nous permettra de pénétrer au cœur des grands moteurs de l'évolution stellaire.

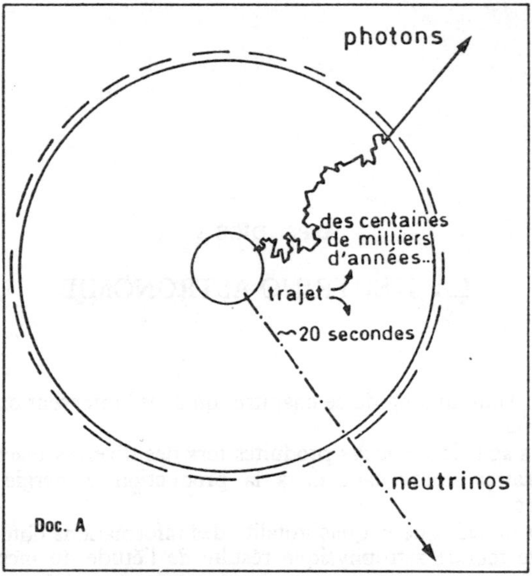
photons
des centaines
de milliers
d'années...
trajet
~20 secondes
neutrinos
Doc. A

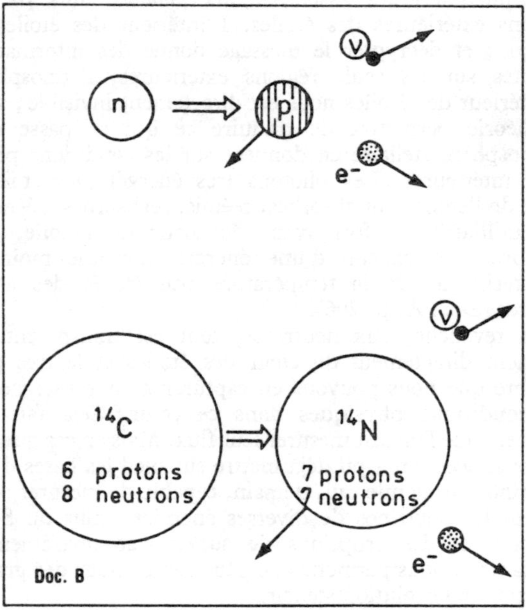
ν
n
p
e⁻
¹⁴C
6 protons
8 neutrons
¹⁴N
7 protons
7 neutrons
Doc. B

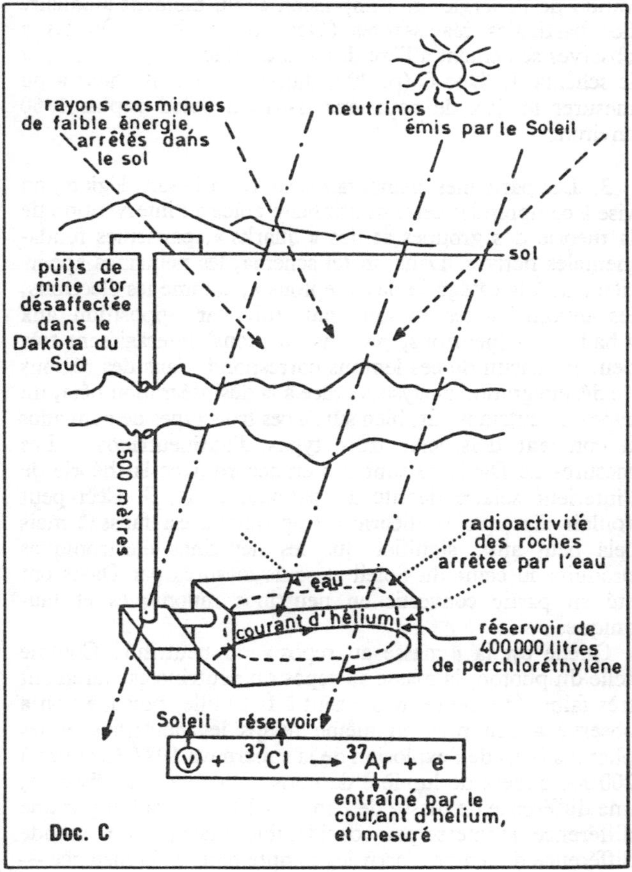
rayons cosmiques
de faible énergie
arrêtés dans
le sol
neutrinos
émis par le Soleil
sol
puits de
mine d'or
désaffectée
dans le
Dakota du
Sud
1500 mètres
radioactivité
des roches
arrêtée par l'eau
eau
courant d'hélium
réservoir de
400 000 litres
de perchloréthylène
Soleil
réservoir
ν + ³⁷Cl → ³⁷Ar + e⁻
entraîné par le
courant d'hélium,
et mesuré
Doc. C

2. Rappelons que c'est l'étude des désintégrations de la radioactivité bêta (naturelle, ou intervenant dans des cycles de radioactivité artificielle) qui a conduit Pauli en 1930 et Fermi peu après à suggérer l'existence du neutrino comme nécessaire à assurer, lors des désintégrations bêta, la conservation de l'énergie, de l'impulsion et du moment angulaire des particules réagissantes (Doc. B, p. 206). On les a observés seulement à l'ère des grands réacteurs, en 1957 ; et le schéma du Doc C (p. 207) illustre comment Davis a pu mesurer le flux de neutrinos issus du Soleil depuis 1960 environ.

3. Les particules élémentaires sont, on le sait, légion ; on vise à comprendre cette multiplicité grâce à l'intervention de la théorie des groupes et des « quarks », particules fondamentales fictives. Dans un tel schéma, les neutrinos appartiennent à la catégorie des « leptons », comme les électrons, les muons et les mésons tau qui, par opposition aux « hadrons » (neutrons, protons ou pions) interagissent très peu. A chacun de ces leptons correspond, dans des régions de désintégration analysées grâce à la désintégration bêta, un type de neutrinos. Et, bien sûr, à ces trois types de neutrinos il convient d'associer trois types d'antineutrinos... Les mesures de Davis ne sont pas en accord avec la théorie de l'intérieur solaire décrite au paragraphe II, 3. Ceci peut vouloir dire que la théorie astrophysique est fausse ; mais cela peut aussi signifier que les neutrinos électroniques produits au cœur du Soleil et seuls mesurés par Davis ont été en partie convertis en neutrinos muoniques et tauoniques.

Quelle est la « masse au repos » du neutrino ? Comme celle du photon, la masse au repos du neutrino est sûrement très faible (peut-être même tout à fait nulle) puisque l'on a observé à peu près en même temps les neutrinos et les photons issus de l'explosion de la supernova 1987 A, située à 200 000 années de lumière de nous : sur une telle distance, une différence de masse de $\Delta m/m = 10^{-10}$ se traduit par une différence de vitesse peu considérable, mais par une grande différence de temps d'arrivée, compte tenu de la distance — de l'ordre de 2 ans !

BIBLIOGRAPHIE

Certains chapitres sont inspirés des ouvrages généraux suivants :

Le Grand atlas de l'Astronomie, sous la resp. de J. Audouze et G. Israel ; Paris, Encyclopaedia Universalis, 1986.
Les Etoiles, le système solaire, 2e éd. Encyclopédie scientifique de l'univers, Bureau des Longitudes, Paris, Gauthier-Villars, 1986.
Astronomie Flammarion, sous la dir. de J.-C. Pecker, Paris, Flammarion, 1985.
Pecker J.-C., *Clefs pour l'astronomie*, Paris, Seghers, 1981.
La Nouvelle astronomie, sous la dir. de J.-C. Pecker, Paris, Hachette, 1980 (1re éd., 1971).
Histoire de l'Univers, sous la dir. de A. Hayli, Hachette, 1980.
Flammarion C., *Les Etoiles et les curiosités du ciel*, Paris, Flammarion, 1981 (fac-similé de l'éd. originale de 1882).
Luminet J.-P., *Les Trous noirs*, Paris, Belfond, 1987.
Montmerle T., Prantzos N., *Soleils éclatés*, CNRS-CEA, 1989.

Quelques articles :

Alloin D., Schatzman E., La supernova 1987 A, *La Recherche*, 18, n° 194, 1494, décembre 1987.
Suraud E., L'explosion des étoiles, *La Recherche*, 18, n° 186, 324, mars 1987.
Barbuy B., Cayrel R., Silk J., Les premières étoiles, *La Recherche*, 17, n° 180, 1060, sept. 1986.
Bethe H., Brown G., L'explosion d'une supernova, *Pour la Science*, n° 93, 42, juillet 1985.

Boss A. P., La formation des étoiles, *Pour la Science*, n° 89, 17, mars 1985.
De Loore C., Les étoiles doubles, *La Recherche*, 12, n° 121, 430, avril 1981.

UNE COSMOLOGIE SCIENTIFIQUE

Hubert Reeves

INTRODUCTION

L'existence d'une cosmologie scientifique est encore largement étrangère à la culture de nos concitoyens. Des rencontres et des discussions m'ont montré que, hors de la communauté des physiciens et des astronomes, la plupart des scientifiques confondent allégrement *cosmologie* et *mythologie*. Ils n'accordent aucune crédibilité véritable à l'« histoire de l'Univers » telle qu'elle émerge des acquis récents de divers domaines de recherche.

Dans les pages qui suivent, je résumerai les événements par lesquels cette vision du monde a pénétré la pensée scientifique et s'y est installée aussi solidement, je pense, que l'histoire de la vie terrestre racontée par Darwin. Cette histoire nous servira ensuite à présenter un document essentiel pour notre quête de l'information cosmique : le ciel antique observé par Penzias et Wilson. Finalement nous aborderons un des domaines les plus actifs de la recherche astrophysique contemporaine, celui de l'origine des galaxies.

1. Naissance de la cosmologie scientifique

La méthode scientifique pour explorer le passé nous vient de l'observation du ciel. Des questions toutes simples se posent qui, parfois, nous mènent très loin (ou très tôt...).

Pourquoi les corps célestes ne tombent-ils pas sur la Terre ? Vieille question, posée sans doute depuis des milliers d'années. Réponse des Grecs antiques : le « chaud » a tendance à « monter ». Empédocle d'Agrigente ayant observé, certains jours d'orage, la présence de lueurs vacillantes aux mâts des vaisseaux (feu Saint-Elme) pensait que ces flammes, échappées des mâts, montent vers la voûte céleste et donnent naissance aux étoiles du ciel…

Deux mille ans plus tard, Newton découvre pourquoi la Lune ne tombe pas sur la Terre. C'est parce qu'elle *tourne* autour de notre planète. La force centrifuge engendrée par la rotation s'oppose à la force de gravité qui les appelle l'une vers l'autre. L'équilibre entre les deux forces détermine l'orbite de notre satellite. Ainsi en est-il de la Terre et des autres planètes autour du Soleil.

Mais les étoiles ? Newton ne connaît pas la structure des galaxies. Il imagine que les astres sont répartis uniformément dans l'espace. Qu'est-ce qui les retient à distance malgré leur attraction mutuelle ? Pourquoi ne s'effondrent-ils pas tous en un point de l'espace ? Mais, par ailleurs, pourquoi ce point d'effondrement serait-il ici plutôt que là ?

Questions bien embarrassantes auxquelles Newton ne répondra pas. Il ne résoudra pas, d'une façon satisfaisante, le problème du mouvement des étoiles. Il se contentera de les supposer « fixes ».

Plus tard on découvrira que les étoiles tournent autour du noyau galactique. Contre l'attraction des milliards d'astres de la Voie Lactée, c'est, encore une fois, la force centrifuge qui tient le Soleil et les étoiles en orbite autour du centre de la Galaxie. Mais la question se pose à nouveau. Qu'est-ce qui empêche les galaxies elles-mêmes de tomber les unes sur les autres ?

Quand, en 1915, Einstein énonce la théorie de la relativité générale, il explique, d'une façon lumineuse, les relations entre le temps, l'espace, la matière et la force de gravité. La pertinence, l'efficacité, la puissance de la théorie sont telles qu'on peut l'appliquer à l'étude de l'Univers dans son ensemble.

Et là il y a une surprise... *Un univers de matière ne peut pas être statique*. La théorie s'exprime clairement : il faut que ça « bouge ».

Sur une photo, on vous montre l'image d'une pierre sur un fond de ciel bleu. Il s'agit, direz-vous, d'un « instantané ». Cet état est nécessairement transitoire. Ou bien cette pierre est en train de tomber, ou bien, autre possibilité, elle est en ascension ; quelqu'un vient de la lancer. Mais, de toute façon, elle est en train de bouger. Ainsi s'exprime votre « bon sens ».

Sur le mouvement des galaxies dans l'espace, les équations d'Einstein disent à peu près la même chose. Elles ne peuvent *pas* rester *immobiles ;* ou elles *s'approchent* ou elles *s'éloignent* les unes des autres.

Pour Einstein cette situation est inacceptable. Pourquoi ? J'avoue ne l'avoir jamais très bien compris. Le mode de pensée d'Einstein me paraît se situer dans la plus pure tradition grecque apollinienne. Il a une foi absolue en l'*intelligibilité* de l'Univers. La réalité est fondamentalement simple, claire, lumineuse et absolument déterministe. De plus, elle est éternelle et immuable.

Pour éviter la situation déplorable impliquée par ses propres équations (un Univers non statique), Einstein, en 1915, décide d'y ajouter un nouveau terme (la structure mathématique le permet). Ce terme porte le nom de *constante cosmologique*. A ce terme, il assigne une valeur numérique *telle* que les mouvements des galaxies soient neutralisés.

Ce choix, notons-le, est parfaitement arbitraire. L'esthétisme de l'immobilisme est sa seule justification, sa seule excuse. Mais, on s'en rend compte rapidement, cette démarche est un échec. L'arrêt, ainsi imposé au mouvement des galaxies, ne saurait durer. Tôt ou tard, ça recommence à « bouger ».

Quand, une dizaine d'années plus tard, Hubble observe le mouvement des galaxies, quand il découvre qu'elles *s'éloignent* les unes des autres et ce d'autant plus vite qu'elles sont plus éloignées, Einstein regrette amèrement sa bévue. Son esthétique immobiliste l'a privé, en 1915, d'une prédiction étonnante : *le cosmos n'est pas immobile*...

Eloignement ou rapprochement des galaxies, expansion ou contraction de l'Univers, Einstein n'aurait pas pu choisir. Ses équations admettent les deux possibilités. Il appartenait à Hubble de mesurer et d'interpréter le rougissement de ces astres comme l'expression de ce prodigieux mouvement par lequel la matière cosmique voit sa densité moyenne diminuer continuellement.

De ces observations capitales, d'autres auteurs, Gamow, Lemaître, Friedman, ont tiré des conclusions plus extraordinaires encore. Si la matière se dilue, elle se refroidit ; ainsi l'impose la physique. C'est donc qu'elle était *plus chaude dans le passé*. Chaleur et lumière sont indissolublement liées, nous dit encore la physique. Le passé de l'Univers devait être *éclatant de rayonnement*.

Georges Gamow poursuit le raisonnement : *ce rayonnement antique ne peut pas avoir entièrement disparu*. Il doit en rester des traces. Sous quelle forme ? Ses travaux l'amènent à prévoir l'existence d'une « lueur cosmique » ; une sorte de rayonnement fossile, invisible à l'œil mais détectable avec des instruments appropriés.

Il y a, dans l'âme de chaque chercheur, un *conservateur*. Devant une nouvelle idée, on est sceptique. On demande des preuves. Plus la théorie est extravagante, plus elle nous mène hors des sentiers battus, plus la réticence est grande, plus nombreuses et sérieuses devront être les justifications requises.

Que la prédiction de Gamow ait été simplement *ignorée*, que ce rayonnement fossile ait été détecté *par hasard*, dix-sept ans plus tard, dans une recherche sans rapport avec la cosmologie, cela illustre à quel point l'idée d'un *mouvement de l'univers* est étrangère à la pensée scientifique traditionnelle.

Rappelons, dans le même contexte, les difficultés rencontrées par les hypothèses évolutionnistes de

Le rayonnement millimétrique universel.

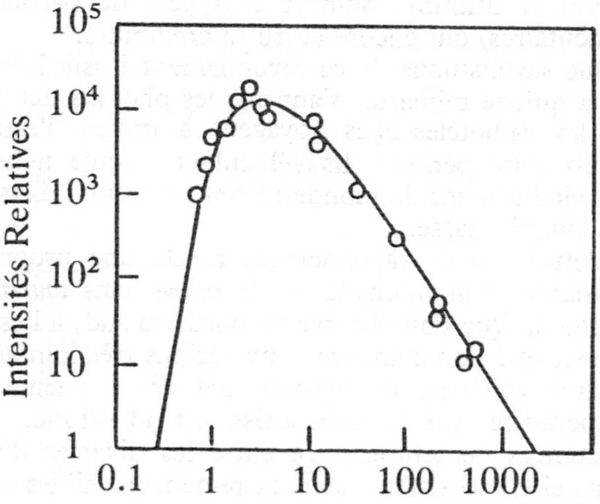

Longueur d'onde en millimètres

Cette lueur cosmique fossile vient de toutes les directions avec la même intensité. On la détecte (cercles) entre 0,8 mm et 200 mm de longueur d'onde. Le trait continu représente la courbe théorique du radiateur parfait (le « corps noir » des physiciens) à une température un peu inférieure à 3 K (ou 3 kelvins, c'est-à-dire 3 degrés au-dessus du zéro absolu).

Darwin, en rapport avec le « fixisme » des formes animales.

Quand en 1965, les astronomes Penzias et Wilson découvrent l'existence du rayonnement millimétrique universel (à 3 degrés absolus), ils ne soupçonnent guère à quel point leur observation va influencer toute la pensée humaine.

Leur travail va accréditer l'*hypothèse de l'expansion* de l'Univers. Conservateurs, les scientifiques savent quand même se rendre à l'évidence, quand les changements s'imposent. Les physiciens et astrophysiciens prendront maintenant au sérieux l'idée d'une histoire de l'Univers.

Ajoutons que, depuis cette période, plusieurs autres prédictions vérifiées de la théorie (populations relatives de certains éléments chimiques : hydrogène, hélium et lithium ; nombre d'espèces de particules élémentaires) ont encore accru sa crédibilité.

Que savons-nous de ce rayonnement fossile ? Emis il y a quinze milliards d'années, les photons détectés par les radiotélescopes voyagent à travers l'espace depuis cette période. Ils véhiculent jusqu'à nous la plus vieille image du monde : l'état du cosmos dans un très lointain passé.

L'étude de ce rayonnement révèle une propriété étonnante. Son intensité est la *même* dans *toutes les directions*. Que l'on observe au nord, au sud, à l'est, à l'ouest, que l'on compare deux régions très lointaines ou très voisines, le rayonnement est le même, la température qui le caractérise est identique. Les différences de température entre les diverses directions, si elles existent, sont extrêmement faibles (voir plus loin).

Quelle image du monde antique nous révèle ce vieux document ? Un fluide à haute température (environ trois mille degrés), extrêmement homogène, et surtout extraordinairement isotherme (la même température partout) Un vaste chaos incandescent.

On n'y observe aucun contraste, aucune structure. Nous voici en plein paradoxe ! Si les écarts de température vont en *s'amenuisant,* comment expliquer le passage de cet Univers isotherme d'antan à notre monde d'aujourd'hui, si riche et si contrasté en température ?

Ainsi donc, l'isothermie (mort thermique) des physiciens du XIXe siècle ne se situe pas dans l'avenir mais dans le *lointain passé*. Il serait plus approprié de parler de *limbes* thermiques, dans lesquels la matière sommeillait et dont elle allait lentement s'éveiller.

Avant d'aller plus loin, une mise en garde quant à la chronologie de ces événements. La découverte de l'expansion de l'Univers et l'observation du rayonnement fossile ont accrédité dans la littérature l'image d'un « début de l'Univers », d'une « création du monde ». Rien n'est plus incertain. Pour la commodité du discours, j'adopterai la chronologie traditionnelle du Big Bang, qui suppose l'existence d'un *temps zéro* à partir duquel les « horloges cosmiques » se mettent en marche. Mais il convient de prendre quelque distance par rapport à cette façon de compter le temps. Personne ne sait ce qu'il y avait « avant » ce temps zéro.

2. *L'origine des galaxies*

La cosmologie scientifique nous donne un cadre conceptuel et mathématique par lequel nous pouvons explorer et tenter de reconstituer les grands chapitres de l'évolution cosmique. Je voudrais maintenant présenter l'état de la situation par rapport à un de ces chapitres : la naissance des galaxies.

Ce problème est au centre de la cosmologie contemporaine. La difficulté naît de l'extraordinaire isotropie du rayonnement fossile. De quelle nature sont les « germes » de galaxies et comment arrivent-ils à passer inaperçus dans le rayonnement fossile ?

Cette discussion va nous amener au cœur d'une physique difficile et peu familière. Aussi je voudrais en présenter un bref résumé avant d'aborder le sujet en détail.

3. *Résumé*

Selon une hypothèse de plus en plus populaire chez les chercheurs, une variété de champs scalaires* cosmiques pourraient avoir joué un rôle prédominant. Les embryons de galaxies se développeraient soit sur certains défauts topologiques* associés à ces champs, soit à partir de certaines fluctuations quantiques* de ces champs (ou les deux à la fois).

* Les mots suivis d'un astérisque sont expliqués en fin de chapitre.

Ce problème fascinant relie le sort des recherches en physique et en astronomie. L'Univers antique devient le banc d'essai des théories, aussi bien microscopiques que macroscopiques.

4. *Le problème*

Le cosmos se présente à nous comme un immense espace quasi vide, peuplé d'amas de galaxies, comme autant d'archipels polynésiens dans un vaste Pacifique.

La densité de matière dans une galaxie est environ un million de fois plus élevée que la densité moyenne de l'Univers, et la densité des étoiles est 10^{24} fois plus élevée encore. Pourtant ces énormes différences de densité n'ont pas toujours existé dans l'Univers. L'observation du rayonnement fossile nous montre que l'Univers d'il y a quinze milliards d'années était, au contraire, extraordinairement homogène. La mesure de cette absence de « granularité » nous vient de l'isotropie du rayonnement fossile. Sa température ($T = 2{,}7$ K) est, après correction du mouvement terrestre, identique dans toutes les directions, à mieux d'une partie dans trente mille ($dT/T < 3.10^{-5}$).

Dans le cadre des modèles cosmologiques actuels, cette limite nous permet, à son tour, de donner une limite supérieure aux inhomogénéités de densité ρ, qui pouvaient exister à cette époque. On obtient : $\delta\rho/\rho < 10^{-4}$.

5. *Germinations galactiques*

Dans la soupe initiale, les inhomogénéités de densité ont tendance à s'amplifier sous l'effet de leur propre gravitation. Cette amplification ne peut s'amorcer que dans un Univers déjà suffisamment refroidi, où la pression thermique ne parvient plus à la neutraliser. Dans le modèle cosmologique, cela exige que la densité d'énergie du rayonnement soit devenue inférieure à la densité d'énergie de la matière (fin de l'ère radiative, début de l'ère massive).

L'incertitude présente sur la densité de matière dans l'Univers rend la détermination de cette époque assez incertaine. Les observations les plus fiables donnent, pour la matière concentrée en amas de galaxies, une densité de 10^{-30} g par cm^3 (soit 10^3 eV par cm^3 ou encore un nucléon par m^3). Cette densité est égale à 10 % de la densité critique* ($\Omega = 0.1$). (Rappelons que la densité critique est celle qui permet aux galaxies de ralentir jusqu'à atteindre asymptotiquement une vitesse nulle sans jamais pour autant revenir sur elles-mêmes.)

Mais ces mesures *n'excluent* pas la présence d'une matière différente de la matière ordinaire, non composée de nucléons et d'électrons (non baryonique*), uniformément diluée dans l'espace et dont la densité serait égale à la densité critique ($\Omega = 1$).

(Nous envisagerons ici les deux limites. Si $\Omega = 1$, la fin de l'ère radiative a lieu quand l'Univers a trois mille ans et sa température est de trente mille degrés. Si $\Omega = 0.1$ on doit attendre trois cent mille ans de plus. La fin de l'ère radiative coïncide alors avec l'émission du rayonnement fossile à trois mille degrés.)

Après la fin de l'ère radiative, on distingue deux phases dans la croissance des inhomogénéités amenant la formation des galaxies.

D'abord une phase, dite *linéaire*, où elles croissent à partir de leur valeur initiale jusqu'à la valeur unité ($\delta\rho/\rho = 1$). *Cette phase est lente.* Elle est inversement proportionnelle à la variation de température. En d'autres mots, les inhomogénéités croissent, par exemple, d'un facteur mille pendant la période où la température tombe d'un facteur mille.

La seconde phase dite *non linéaire* est beaucoup plus rapide. Le champ gravitationnel local devient progressivement apte à engendrer une véritable avalanche de laquelle naîtront, après morcellements, galaxies et étoiles. Ici nous ne parlerons pas plus longuement de cette seconde phase. Nous retiendrons seulement qu'avant de prendre leurs formes les galaxies doivent d'abord traverser la longue phase linéaire, la seule qui retiendra notre attention.

6. *Le compte à rebours*

L'observation des objets lointains nous montre l'existence de galaxies extrêmement anciennes. Elles existaient déjà quand le rayonnement fossile était à 15 K soit cinq fois plus chaud qu'aujourd'hui (l'Univers avait à peu près vingt pour cent de son âge actuel).

Tous les éléments du problème sont maintenant devant nos yeux. *Les galaxies semblent ne pas avoir assez de temps pour parvenir à maturité.* Entre la fin de l'ère radiative et l'avènement des galaxies telles que nous les connaissons, la température tombe d'un maximum de trente mille degrés à un minimum de quinze degrés. C'est-à-dire d'un facteur de moins de deux mille.

Pendant cette période les inhomogénéités de densité croissent d'un même facteur. La granularité doit donc avoir été de (au moins...) $\delta\rho/\rho = 5.10^{-4}$ à la fin de l'ère radiative. Le problème consiste à montrer, dans le cadre de scénarios appropriés, comment de telles granularités seraient passées inaperçues dans le rayonnement fossile.

On suppose généralement qu'au moment de l'émission du rayonnement fossile l'homogénéité de l'Univers n'était qu'apparente. Des granularités massives auraient existé déjà depuis un certain temps mais elles n'affectaient pas le rayonnement fossile.

Cela est possible si ces « granularités embryonnaires » ne sont pas constituées de matière ordinaire comme celle des étoiles mais d'une matière obscure qui n'a qu'une très faible interaction avec la matière ordinaire.

7. *Particules exotiques*

Il y a plusieurs idées à la mode. On a pensé d'abord à des neutrinos massifs. Supposons que les neutrinos électroniques aient une masse* de trente eV (comme semblait l'indiquer une expérience soviétique effectuée il y a quelques années). Ils seraient devenus non relativistes* vers 3.10^5 K et auraient commencé à s'assembler sous l'effet de leur propre gravitation. A l'époque du découplage, ils auraient déjà constitué, ici et là, d'importants grumeaux, précipitant par leur gravité la chute des nucléons vers eux et accélérant sensiblement la germination des galaxies.

La mode des neutrinos massifs est bien passée. Les résultats soviétiques n'ont pas résisté à la critique et à la répétition de l'expérience par les physiciens de Zurich. De surcroît la détection du flash de neutrinos accompagnant la supernova de février 1987 nous permet d'affirmer que ces neutrinos ont une masse inférieure à vingt eV.

Mais les théoriciens ne se découragent pas facilement. Et la physique contemporaine offre de nombreuses particules-candidates, particulièrement dans les secteurs supersymétriques* et supergravifiques. On cite volontiers les photinos*, les axions et bien d'autres particules encore. Loin d'être une objection, le fait qu'aucune de ces particules n'ait été détectée en laboratoire et que leur existence même soit hautement hypothétique ne fait qu'alimenter les imaginations et maintenir les dynamismes.

8. *Genèse de l'idée des champs scalaires*

Mais le problème de l'origine de ces grumeaux se pose quand même. Les condensations de particules exotiques avant le découplage nécessitent elles-mêmes la présence préalable d'inhomogénéités dans la purée cosmique. Qu'est-ce qui peut engendrer de tels « grumeaux » et quelle est leur nature ? On soupçonne que leur existence soit reliée à la présence de certains « champs scalaires* » que la physique contemporaine est amenée à introduire pour rendre compte du comportement de la matière à haute énergie. Dans les pages qui suivent je raconterai comment la cosmologie a rencontré ces champs et comment elle les intègre dans ses équations.

9. *Une théorie simplifiée de l'expansion*

Un modèle cosmologique simple (basé sur la relativité d'Einstein) permet de relier la température cosmique et le facteur d'échelle de l'expansion (c'est-à-dire, par exemple, la distance entre les deux membres d'une paire quelconque de galaxies).

Selon le modèle dit « modèle de Friedman », la température est, en tout temps, inversement proportionnelle à ce facteur d'échelle. Cela signifie que la durée requise pour que la température tombe d'un facteur deux est égale à la durée requise pour que les galaxies doublent leurs distances relatives. Aujourd'hui cette durée serait d'environ quinze milliards d'années. (En règle générale, à tout instant cette durée est comparable à l'âge de l'Univers.)

Dans le cadre de ce modèle primitif, le contenu matériel de l'Univers est simplifié à l'extrême. La matière est représentée comme un vaste fluide de particules libres (approximation hydrodynamique d'un gaz parfait) sans interactions autres que gravitationnelles. Les énergies des particules dérivent uniquement de leur masse et de leurs mouvements (par rapport au système de coordonnées). Les pressions dérivent de leur nombre et de ces mêmes mouvements. Aucune disposition n'est envisagée pour prendre en compte les interactions familières de la physique réelle et les phénomènes collectifs (transitions de phases) que ces interactions peuvent engendrer.

Grâce à ces simplifications le modèle primitif permet une exploration aisée et fructueuse du lointain passé. Deux résultats impressionnants sont à mentionner.

1) Gamow avait déjà prévu, à partir de ce modèle, l'existence du rayonnement fossile* émis quand l'Univers avait environ cinq cent mille ans, et que sa température était alors de trois mille degrés.

2) Le modèle explique correctement l'abondance des éléments hydrogène-2, hélium-3, hélium-4 et lithium-7, en supposant simplement que l'Univers a antérieurement atteint au moins la température de dix milliards de degrés. Cet événement appelé « nucléosynthèse cosmologique » se passe autour de la première seconde à l'horloge cosmique conventionnelle.

10. Situation paradoxale

Poursuivant cette remontée glorieuse vers le passé de l'Univers, les physiciens prirent progressivement conscience de la situation paradoxale dans laquelle ils s'étaient engagés.

Si l'hypothèse du gaz parfait pouvait être acceptable aux faibles densités de l'Univers actuel, elle devenait de plus en plus mauvaise pendant la remontée vers le passé. Si elle restait valable jusqu'aux premières secondes, il convenait, pour aborder les périodes antérieures, de la remplacer par une meilleure représentation de la réalité. Il fallait dépasser le modèle primitif et introduire les éléments d'un modèle plus raffiné.

Le choix de ces éléments, de toute évidence, doit être guidé par la théorie quantique* et doit intégrer les acquis de la physique moderne. Aux particules il convient de substituer des champs quantiques*. Ces champs doivent posséder toutes les propriétés qui leur permettent de donner une description efficace de la réalité. En termes techniques, ces propriétés s'appellent « invariance de jauge* », « symétrie brisée* » etc.

Comment ces champs et leurs propriétés pourraient-ils intervenir dans le phénomène d'expansion de l'Univers et en affecter le refroidissement ?

11. Deux exemples pédagogiques

Un premier exemple simple permettra d'éclairer la situation. On met de l'eau sous forme gazeuse dans un cylindre. On provoque une détente en tirant le piston. Le modèle primitif, dit du « gaz parfait », consisterait ici à ne prendre en compte, pour calculer l'évolution de la température, *que l'énergie cinétique des molécules d'eau.* Les résultats seraient naturellement désastreux au voisinage du point de liquéfaction de l'eau.

C'est que l'eau, en passant de l'état gazeux à l'état liquide, dégage une grande quantité d'énergie. La force électromagnétique qui s'exerce entre les molécules, neutralisée à haute température par la violence des chocs, devient alors capable de former des agrégats stables. Elle libère ainsi une grande quantité d' « énergie de liaison » qui se manifeste sous la forme de chaleur. Une situation analogue se rencontre quand, à plus basse température, l'eau liquide gèle.

Le passage de l'état liquide à l'état solide est un *effet collectif* (une transition de phase) par lequel une somme d'effets à petite échelle (les interactions entre les molécules voisines) engendre un effet à grande échelle (la structure cristalline du bloc de glace) et influence un paramètre macroscopique (la température). Cette analyse nous sera, sur le plan analogique, d'un grand secours pédagogique.

Un autre exemple instructif : le refroidissement d'un bloc de fer. Chaque atome de fer est un petit aimant. A haute température, les axes magnétiques de ces aimants sont alignés dans toutes les directions possibles. L'agitation thermique altère continuellement les alignements et les maintient dans cet état aléatoire.

En dessous d'une certaine température — appelée température de Curie* — la situation change. De proche en proche, les petits aimants arrivent à s'influencer mutuellement et cherchent à s'aligner dans la même direction. Comme dans le cas de la solidification de la glace, ces alignements dégagent de l'énergie.

Si le bloc ne se trouve pas immergé dans un champ magnétique, l'énergie dégagée est la même, quelle que soit la direction que prend l'alignement. On dit alors que les états représentés par les différents alignements sont « dégénérés » c'est-à-dire équivalents en énergie.

Si le refroidissement est rapide, les atomes n'ont pas le temps de propager leur influence à distance. Il se forme alors des « secteurs magnétiques » c'est-à-dire une juxtaposition de petits cristaux. Si à l'intérieur d'un cristal donné l'alignement du champ magnétique est réalisé, il n'en va pas de même entre les cristaux, dont les orientations individuelles demeurent aléatoires.

12. *Vrais vides et faux vides**.

Autour de ces exemples nous allons expliciter plusieurs notions utiles. Le bloc de fer est le lieu d'un champ magnétique. A ce champ on peut associer une densité d'énergie potentielle. Notons que le système dégage de l'énergie en passant de l'état non aligné (correspondant à un champ moyen nul) à l'état aligné (correspondant à une certaine valeur du champ magnétique). On peut décrire le comportement des petits aimants en posant que, à basse température, la densité d'énergie est plus faible quand les aimants sont alignés, plutôt qu'orientés arbitrairement.

Cette situation dans laquelle le zéro d'un champ ne correspond pas à l'état d'énergie minimale — où, autrement dit, le zéro de l'énergie correspond à un état non nul du champ — est très fréquente en physique. Elle sert généralement à caractériser les changements de phase d'un système. Ces changements de phase se manifestent autour d'un « paramètre d'ordre » en termes duquel se passe la transformation. Pour l'apparition du paramagnétisme, ce paramètre d'ordre est le champ magnétique, pour la cristallisation c'est l'alignement des cristaux.

Cette situation évoque l'image d'une *énergie potentielle*. Ici, l'énergie associée au champ n'est pas composée seulement des facteurs cinétiques habituels (en relation avec les variations temporelles et spatiales de ce champ) mais aussi de cette potentialité de dégager un surcroît de chaleur quand les circonstances le permettront.

Selon la terminologie traditionnelle, on appellera « faux vides » les états de champ nul où l'énergie n'est pas nulle, et « vrais vides » les états de champ non nul qui se trouvent au minimum d'énergie.

13. Invariance de rotation

On notera qu'il s'agit, dans chaque cas, d'une « perte de symétrie »*. Considérons, par exemple, l'opération de rotation et les symétries qui lui sont associées. Quel que soit l'angle par lequel je fais tourner sur elle-même une quantité d'eau liquide, elle présente toujours le même aspect. Pour un bloc de glace, c'est différent. Il présente des plans d'orientations cristallines. Une rotation ne passe pas inaperçue, sauf dans le petit nombre de cas (six) où les plans se retrouvent situés dans des orientations analogues à celle du départ. Le fait de geler de l'eau correspond donc pour cette substance à une perte de symétrie. On passe de l'infini à six.

De même, au-dessus du point de Curie, une substance paramagnétique est invariante (symétrique) par rapport à l'ensemble de toutes les rotations possibles. (Il n'y a pas de champ magnétique interne pour marquer l'orientation de la substance.) Elle perd cette propriété au-dessous de ce point : la rotation se manifeste par un changement facilement décelable dans l'orientation du champ magnétique.

14. Unification des forces

Le mathématicien René Thom a une expression très efficace pour décrire la démarche scientifique : « chercher à réduire l'arbitraire ». Tenter « d'unifier les forces de la physique »* c'est vouloir diminuer le nombre de paramètres indépendants en montrant que des forces apparemment distinctes sont en fait deux manifestations d'une même force. Au XIXe siècle on a prouvé que l'électricité et le magnétisme sont deux aspects d'une force unique : la force électromagnétique, caractérisée par un seul nombre : la charge électrique de l'électron. Récemment on a montré un lien profond entre la force électromagnétique et la force faible, mettant en évidence l'existence de la force électrofaible (même si l'unification n'est que partielle).

L'espoir de rapprocher, d'une façon analogue, la force nucléaire de la force électrofaible est fortement entretenu par l'interrogation suivante : pourquoi la charge électrique de l'électron est-elle, en valeur absolue, *exactement* la même que celle du proton (à mieux d'une partie dans 10^{19}) ? Une telle égalité de deux nombres est inhabituelle en physique (il y a généralement des « corrections d'ordre supérieur » qui introduisent des différences, même minimes). *Sauf si une structure mathématique fondamentale est à l'œuvre qui « protège » l'égalité.*

Ici une explication suffisante serait l'existence d'une unité fondamentale entre la force nucléaire — qui s'exerce sur les quarks — et la force électrofaible — qui s'exerce sur les électrons comme sur les quarks. D'où l'idée d'une théorie — dite de Grande Unification (GUT)* — dans laquelle quarks, électrons et neutrinos seraient les états d'une même super-particule sur laquelle s'exercerait une seule force. Les forces nucléaires, faibles et électromagnétiques seraient, dans nos laboratoires, des manifestations différentes de cette force unique.

Dans une telle théorie, le fait de transformer une particule en une autre, un quark en un électron par exemple, est décrit en temps analogues au fait de faire tourner un cristal sur lui-même. Si toutes ces particules, considérées ici comme des états (quarks, électrons, neutrinos) sont interchangeables, la théorie est dite *symétrique* ou *invariante* par rapport à la transformation, comme la masse d'eau liquide l'est par rapport à la rotation sur elle-même.

Quel rapport y a-t-il entre cette invariance et la charge des particules ? Dans le cadre de cette théorie, la valeur de la charge correspond à un *angle de rotation* dans cet espace abstrait où sont disposés les états des particules (quarks, électrons, neutrinos). Si les charges de l'électron et des quarks ne donnaient pas *exactement* la même charge au proton (en positif) qu'à l'électron (en négatif), les rotations ne correspondraient pas à des plans de symétrie. *L'application de la théorie des groupes aux particules exige des identités et non pas des approximations, aussi bonnes soient-elles.*

On a de bonnes raisons de penser qu'aux températures supérieures à 10^{-28} K, la matière atteint un tel état de symétrie. Dans le cadre du Big Bang, cette période se situe à environ 10^{-35} sec à l'échelle cosmique conventionnelle.

Après cette époque, la situation change. Il y a une transition de phase au cours de laquelle les particules et les forces se différencient. Il y a perte de symétrie et dégagement d'énormes quantités d'énergie. Ces dégagements joueront un rôle fondamental dans l'évolution thermique de l'Univers. Loin de décroître d'une façon monotone, comme le prévoyait le monde primitif, la température va remonter brutalement et engendrer une grande quantité d'entropie. (Rappelons que ces événements très anciens ne remettent pas en cause les succès du modèle primitif au sujet de la nucléosynthèse primordiale et du rayonnement fossile.)

*15. Champs de Higgs**

Ces transitions de phase, correspondant à des brisures de symétrie, se décrivent par l'introduction de nouveaux champs — appelés, dans ce contexte, « champs de Higgs » — et d'une densité d'énergie potentielle associée à ces champs. On introduit en effet dans le formalisme des champs nouveaux, généralement scalaires, qui permettent de modéliser la transformation.

Les états moins symétriques — ceux où les particules et les forces sont différenciées — seront associés à des valeurs non nulles du champ correspondant à des minimums de l'énergie potentielle (vrais vides)*. Aux états nuls du champ, correspondant à des états où la symétrie est maintenue, seront associées des énergies plus élevées (faux vides)*.

Comment tenir compte, dans les équations du modèle cosmologique, de l'existence de ces transitions de phase, de l'énergie potentielle du champ correspondant et de la chaleur dégagée dans l'Univers ?

16. Einstein et la constante cosmologique

Tel que mentionné auparavant, par une curieuse ironie du sort, Einstein en 1915 avait déjà, sans le savoir, adapté le formalisme à la présence de tels termes. Pour neutraliser le mouvement d'ensemble des galaxies que ses propres équations semblaient imposer, il introduisait dans l'équation du mouvement de la matière une « constante cosmologique* » et lui assignait la valeur numérique requise pour stopper le mouvement radial des galaxies. Il avait parié sur le mauvais cheval ; quelques années plus tard on détectait la récession des galaxies...

La constante cosmologique trouve son véritable sens physique dans le cadre de la théorie quantique, en relation précisément avec les énergies potentielles des champs.

Elle est égale, à un instant donné de l'évolution, à la somme des énergies potentielles de tous les champs présents. A chaque transition de phase, elle diminue d'une quantité égale à l'énergie dégagée en passant du « faux vide » de cette transformation, au « vrai vide » associé au champ en transition.

Cette densité d'énergie est comparable à la densité d'énergie dans le rayonnement à la température où s'effectue la transition de phase. Par exemple, au moment de la différenciation des forces, à la fin de la période de grande unification*, la température* est d'environ 10^{15} GeV, correspondant à une densité (proportionnelle à la quatrième puissance de la température) de 10^{110} eV par cm^3.

Rappelons que la densité d'énergie actuelle du rayonnement fossile à 3K est d'environ un eV par cm^3. La densité dite « critique » équivaut à environ dix protons par m^3, soit 10^4 eV par cm^3.

Notons que si la constante cosmologique affecte le taux d'expansion (elle exerce une action gravitationnelle qui influence le mouvement des galaxies), son évolution temporelle est très différente de celle de la densité de rayonnement. Contrairement à cette dernière qui décroît progressivement (avec le carré du temps écoulé), la constante cosmologique ne change pas avec le temps, sauf à la fin de chacune des transitions de phase (période dite de réchauffement). Elle diminue alors rapidement et dégage une énergie équivalente à la différence d'énergie entre le faux vide et le vrai vide, induisant un fort réchauffement de l'Univers.

La transition de phase associée à la fin de la grande unification* libère environ 10^{110} eV par cm^3. Une autre transition de phase a lieu, en relation avec l'unification électrofaible de Weinberg-Salam, autour de 100 GeV (10^{15}K) avec libération d'environ 10^{58} eV/cm^3. On pense que la fusion des quarks en nucléons, à environ 200 MeV, pourrait aussi donner lieu à une phase analogue.

On est donc amené à l'image d'une constante cosmologique décroissante par larges bonds (α T_f^4) à chaque température T_f où intervient une transition de phase.

17. Une constante démesurée

Ici apparaît une des grandes énigmes de la cosmologie contemporaine. Il n'existe pas d'estimation valable de la valeur numérique de la constante cosmologique aujourd'hui. Elle pourrait être nulle. Mais, par le mouvement des galaxies, on peut obtenir une borne supérieure à cette valeur. On peut affirmer qu'elle ne correspond pas à une densité d'énergie supérieure à la densité critique (10^4 eV/cm^3).

Il y a démesure entre la dimension des sauts effectués par la constante cosmologique à chaque transformation (10^{110}, 10^{58}) et la borne supérieure à sa valeur actuelle (10^4). Autrement dit, comment expliquer que la constante cosmologique soit si petite aujourd'hui en regard de l'évolution numérique qu'elle a eu dans le passé ?

Ce problème ne pourra vraisemblablement trouver une réponse appropriée que dans le cadre d'une théorie unifiée des *quatre* forces de la physique, incluant la gravité (supergravité, supercordes)*.

C'est que, généralement, les problèmes de physique n'impliquent que des *différences d'énergies*. La valeur absolue de l'énergie n'intervient pas dans les calculs des phénomènes relatifs aux forces électromagnétiques, faibles et nucléaires. Mais dans le cadre de la relativité générale, les champs de gravité sont reliés à la valeur absolue de l'énergie. D'où la nécessité d'une analyse globale faisant intervenir les quatre forces de la physique dans un cadre unifié. Mais une telle théorie est encore au niveau des rêves des physiciens.

18. Défauts topologiques

La nature exacte des champs de Higgs* associés aux transitions de phases historiques est loin d'être bien connue. Cependant on peut affirmer qu'à l'instar des petits aimants qui cherchent à s'aligner pour réduire l'énergie du système quand la température baisse, en chaque point de l'espace les champs de Higgs cherchent à prendre la valeur non nulle qui minimise leurs densités d'énergie. Mais cette valeur n'est pas nécessairement unique.

S'il s'agit, par exemple d'un champ scalaire d'une

variable réelle F, le minimum du potentiel peut être atteint avec les deux valeurs $+ \Phi$ et $- \Phi$. Quelle sera la valeur prise par le champ ?

19. Le rôle de l'horizon

Ici il faut faire intervenir une notion importante en relation avec le processus d'expansion : la notion *d'horizon cosmologique,* ou de sphère de causalité*. A un certain temps t de l'évolution cosmique, un point matériel de l'Univers ne peut pas être influencé par l'effet de particules situées au-delà d'une certaine distance. Cette distance est approximativement égale à « ct » (à cause de l'expansion, elle est un peu plus grande que ct).

Cette distance est celle de l'horizon cosmologique d'un point en un temps donné, et la sphère de rayon équivalent autour de ce point est sa sphère de causalité. Ce rayon s'appelle communément le rayon de Hubble $R_H \simeq ct$ (à ne pas confondre avec le facteur d'échelle R).

Cette notion va jouer un rôle fondamental dans la création de défauts topologiques dans l'Univers.

20. Les murs domaniaux

Considérons la transition correspondant à la fin de la période de grande unification. La température est de 10^{28} K et l'horloge cosmique marque 10^{-35} sec. Le rayon de la sphère de causalité est d'environ 10^{-24} cm (soit un cent milliardième de la dimension d'un proton) et la masse de matière en interaction causale dans ce domaine est d'environ 100 kilogrammes.

Supposons que la transition fasse intervenir un champ scalaire réel qui passe alors d'une valeur nulle (faux vide) à une valeur F non nulle (vrai vide). L'énergie minimum du champ est atteinte si tous les points de ce domaine glissent uniformément vers la même valeur de Φ, disons $+ \Phi$ par exemple. Mais rien ne peut empêcher que dans un autre domaine (dans la sphère de causalité d'un autre point situé à distance) la valeur choisie soit $-\Phi$. Rappelons que ces deux états sont complètement équivalents : on parle ici de brisure *spontanée** de symétrie, (c'est-à-dire sans cause extérieure).

Ainsi sera engendré un ensemble de domaines de l'espace où les deux valeurs de F se seront distribuées au hasard.

Ces domaines pourront se retrouver plus tard dans une même sphère de causalité, à mesure que le rayon de cette sphère, croissant avec le temps, intégrera de plus en plus de matière. On nommera « murs domaniaux » les surfaces mitoyennes à deux domaines. Traversons par la pensée un de ces murs. Passant de la valeur de $-\Phi$ à $+\Phi$ on devra forcément rencontrer un point où ce champ s'annule. A ce point, rappelons-le, correspond une énergie potentielle élevée. Les murs contiennent de grandes quantités d'énergie et peuvent à ce titre, influencer puissamment la dynamique cosmique.

Les murs domaniaux sont un exemple de défauts topologiques associés à la configuration d'un champ. Ils sont créés quand le vrai vide peut être réalisé par un ensemble *dénombrable* d'états dégénérés (dans notre exemple : les deux états $+\Phi$ et $-\Phi$). Il y a d'autres sortes de défauts topologiques : les cordes cosmiques et les monopoles. Nous y reviendrons plus tard.

21. *Murs à éviter*

Essayons d'évaluer la densité d'énergie associée à un mur domanial. D'abord quelle est l'épaisseur de ce mur ? Quand deux domaines de champs différents se retrouvent dans la même sphère de causalité, l'énergie du mur mitoyen cherche à se minimiser. Le mur voudrait, d'une part, être le plus mince possible (pour stocker le moins d'énergie possible) mais aussi, puisque les variations de champs apportent une contribution à l'énergie, il faut minimiser la pente, c'est-à-dire épaissir le mur.

Un compromis est établi entre ces exigences contradictoires, dans le plus pur contexte quantique. La largeur optimale est donnée par la longueur d'onde de Compton* de la particule associée au champ de Higgs. Sachant que la transition a lieu quand la température est voisine de cette masse et rappelant que la longueur de Compton du proton (1 GeV) est de 10^{-14} cm, on aura ici, pour $T = 10^{15}$ GeV, une épaisseur de 10^{-29} cm. La densité d'énergie dans le mur serait alors de 10^{48} g/cm^2 (10^{110} eV/cm^3 multiplié par le volume du mur), soit la masse de mille galaxies par cm^2...

Les murs domaniaux, comme tous les défauts topologiques, peuvent s'annihiler en se rencontrant. Si l'annihilation est rapide, il peut ne demeurer qu'un seul mur par région causale.

L'existence de tels murs est exclue par l'observation astronomique. Un mur de seulement 100 mètres carrés contiendrait plus de matière que l'ensemble de l'Univers observable aujourd'hui et aurait, depuis longtemps, fait sentir son influence en alternant par exemple le mouvement isotropique d'expansion des galaxies. L'absence observée de tels murs domaniaux suggère ou bien que de tels défauts topologiques ne se sont pas formés durant l'expansion du cosmos ou bien qu'ils ont été repoussés très loin de notre Univers observable par l'effet d'une vigoureuse période inflationnaire. Dans le cadre cosmologique traditionnel on a toutes raisons de les ignorer. On les présente surtout pour leur intérêt pédagogique à illustrer le sujet des défauts topologiques.

22. *Les cordes*

Les états du vrai vide peuvent, en certains cas, correspondre à une infinité non dénombrable de solutions possibles. Imaginons par exemple qu'il s'agisse d'un champ scalaire d'une variable complexe

$\Phi = \Phi_0 e^{i\Theta}$ et que tous les états de même amplitude Φ_0 mais de phases différentes Θ soient des états dégénérés du vrai vide. (Ces états peuvent alors être disposés sur un cercle comme dans le diagramme d'Argand des nombres complexes.)

Comme dans la transition paramagnétique, il se produira, au moment de la transition, une sorte d'alignement des phases Θ à l'intérieur de chaque région causale. Plus tard, l'élargissement de la sphère de causalité révélera, en analogie avec les secteurs magnétiques déjà décrits, un ensemble de domaines, individuellement caractérisés par une orientation différente du champ de Higgs.

Imaginons une région de l'espace où la succession des champs, dans un ensemble de secteurs adjacents, se trouve à tracer une courbe fermée. Cette structure topologique donne naissance à un nouveau défaut nommé « corde »*.

Une corde est un ensemble de points (une courbe continue) autour desquels les champs de Higgs sont orientés de façon à former une courbe fermée (comme les lignes de force du champ magnétique autour d'un fil de courant électrique). Chacun des points de cette courbe correspond à une valeur nulle du champ Φ, c'est-à-dire à une région de faux vide.

Comme les murs domaniaux, les cordes sont des régions de grande densité d'énergie. Par des raisonnements d'optimisation analogues à ceux présentés auparavant pour les murs domaniaux, on calcule que l'épaisseur d'une corde doit être reliée à la longueur d'onde de Compton de la particule associée au champ de Higgs (10^{-29} cm pour la grande unification). La densité d'énergie par unité de longueur de la corde sera alors de 10^{13} tonnes par cm. (10^{110} eV/cm^3 multiplié par 10^{-58} cm^2). Une corde qui aurait la dimension d'une galaxie aurait une masse de 10^8 masses solaires, soit environ un millième de la masse galactique.

Contrairement aux murs domaniaux dont l'existence peut être exclue par l'observation, les cordes seraient beaucoup plus difficiles à détecter. Si elles existent, elles pourraient avoir joué un rôle de premier plan en tant que « germes » de galaxies. C'est pourquoi elles se sont attiré l'attention et l'affection de nombreux théoriciens. Nous y reviendrons un peu plus tard.

23. Les monopoles magnétiques

Considérons maintenant un cas de dégénérescence encore plus élevé. Supposons, pour certains champs de Higgs, que les états du vrai vide puissent se disposer sur une sphère à trois dimensions (ils correspondent à l'ensemble des rayons de la sphère). La région de faux vide est alors réduite à une région quasi ponctuelle dont le diamètre est donné par la longueur d'onde de Compton de la particule responsable de la transition. Pour la grande unification, on aura $R_{gut} = 10^{-29}$ cm. L'énergie stockée (la masse du monopole)* sera d'environ 10^{15} GeV.

A cause de leur faible dimension, les monopoles ont peu de chance de se rencontrer et de s'annihiler. Leur densité est d'environ un par région causale au moment de la transition (10^{-24} cm à $T = 10^{15}$ GeV). Dans ce même volume le nombre de photons est de 10^{13} cm^{-3} ($400 \times 10^{82.5} \times 10^{-72}$). Si ce rapport de 10^{-13} entre le nombre de monopoles et le nombre de photons est conservé jusqu'à maintenant, la densité d'énergie des monopoles devrait être de ($400 \times 10^{-13} \times 10^{23}$ eV), soit 4.10^{12} eV cm^{-3} soit 4.10^{8} fois la densité critique...

Si on peut encore douter de la formation des cordes et des murs domaniaux dans le Big Bang, on a des raisons incontournables (en relation avec la conservation de la charge électrique) d'affirmer que des monopoles ont *dû* se former. La seule façon d'expliquer leur absence (ou en tout cas leur très faible densité par rapport aux valeurs attendues) est de faire appel à des phases inflationnaires dont l'effet est de créer un très grand nombre de nouveaux photons après la formation des monopoles, c'est-à-dire de diluer leurs concentrations.

Cette analyse de la dégénérescence des états du vrai vide nous permet de restituer la constante cosmologique par rapport aux défauts cosmologiques décrits précédemment. Si le vrai vide n'est pas dégénéré, c'est-à-dire s'il est réalisé par un seul état, tous les points de l'espace, même situés hors des horizons de causalité, transiteront vers cet état. L'énergie de la transition sera dégagée uniformément dans tout l'espace, amenant la réduction de la constante cosmologique décrite précédemment.

24. *Des champs qui fluctuent...*

Dans les pages précédentes, j'ai montré comment la cosmologie contemporaine est forcée d'introduire des champs scalaires dans ses modèles évolutifs pour décrire les transitions de phase que la matière subit quand la température atteint certaines valeurs importantes. D'abord à 10^{15} GeV (10^{24} K) : la fin de la période de grande unification (GUT). Puis, autour de 100 GeV (10^{15} K) : la fin de la période d'unification électrofaible. Et aussi vers 200 MeV : la transition quark-hadron *.

25. *Les grumeaux viennent-ils de fluctuations quantiques ?*

Comment la présence des champs scalaires peut-elle provoquer l'existence d'inhomogénéités de densité c'est-à-dire de germes de galaxies ? Il y a deux possibilités.

La première consiste à supposer que ces inhomogénéités primitives seraient reliées à des « fluctuations » dans la configuration des champs scalaires cosmiques.

Ces champs sont de nature quantique. Leurs amplitudes ne sont déterminées qu'aux incertitudes quantiques près. Ces amplitudes varient légèrement d'un point à l'autre de l'espace. Quand, à la fin de chacune de ces transitions, les énergies potentielles se transforment en densité de rayonnement, ces faibles variations donneraient naissance aux grumeaux* dans lesquels se formeront les galaxies.

On peut évaluer la valeur numérique des amplitudes de ces inhomogénéités. Selon le modèle de particules élémentaires envisagé, on trouve généralement des valeurs très élevées (bien au-delà de la contrainte $\delta\rho/\rho < 10^{-4}$). De telles inhomogénéités auraient produit des anisotropies de température déjà largement décelables avec les techniques actuelles.

On peut amender cette situation sur le plan de la théorie mais seulement à condition de réduire considérablement, et d'une façon arbitraire, l'interaction entre ces champs de Higgs et le champ de rayonnement traditionnel. C'est là un des exemples d'un « ajustement fin » des paramètres de la théorie que l'on décrit également avec l'expression imagée « faire appel à une bonne fée ». Il est évident que de tels ajustements font perdre à une théorie une partie de sa crédibilité…

Un paramètre important de la théorie, c'est la distribution des amplitudes d'inhomogénéités qu'elle peut engendrer, en fonction de la dimension des régions de l'espace que ces inhomogénéités occupent. On peut montrer que les fluctuations de champs décrites précédemment donnent naissance à des amplitudes distribuées d'une façon assez particulière.

Pour décrire cette distribution d'amplitude rappelons que la sphère de causalité d'un point quelconque de l'espace croît avec le temps et que son rayon est proportionnel à *ct* où *t* est l'âge de l'Univers. (En d'autres mots, ce point ne peut recevoir d'influence physique d'un autre point situé au-delà de cette sphère.) On dit qu'une région de l'espace « franchit » l'horizon quand la sphère de causalité du point situé en son centre devient égale au volume de cette région. Dans le contexte présent la région est définie par la dimension de l'inhomogénéité considérée.

On appelle « distribution de Zeldovich » la distribution où toutes les inhomogénéités sont d'amplitude égale au moment où elles franchissent l'horizon cosmologique. Les inhomogénéités nées des fluctuations du champ de Higgs possèdent cette distribution de Zeldovich.

26. Les grumeaux viennent-ils de défauts topologiques ?

Une seconde démarche consiste à supposer que les inhomogénéités primitives sont reliées à des défauts dans la configuration des « champs scalaires cosmiques ».

La nature des champs scalaires, dits de Higgs, que requiert chacune de ces transitions est encore mal connue. Il est possible, mais non prouvé, qu'à la fin des transitions correspondantes, il se crée, dans la topologie résiduelle du champ, des défauts topologiques.

Parmi ces défauts, les plus intéressants pour les astronomes sont les « cordes cosmiques »*. Une « corde » est un lieu de l'espace, en forme de filament très mince, dans lequel une très grande énergie est stockée. Elle agit sur son entourage par la gravité qu'exerce cette énergie (équivalente à 10^{13} tonnes par cm de longueur de la corde).

Après sa naissance, une corde poursuit une évolution rapide. Se tortillant, il lui arrive de se reconnecter sur elle-même, formant alors une boucle. La boucle se détache, tandis que la corde initiale reprend sa forme et poursuit son évolution.

Les boucles peuvent ensuite se reconnecter sur elles-mêmes formant des boucles de plus faibles dimensions encore. De surcroît, les boucles peuvent entrer en vibration autour de leur rayon moyen. Elles perdent alors de l'énergie sous forme de rayonnement gravitationnel et voient leur rayon décroître graduellement.

Ainsi, à tout instant, le paysage cosmique serait composé d'abord d'une corde ouverte s'étendant d'un horizon à l'autre, puis, ensuite, d'une multitude de cordes fermées (boucles) avec une distribution continue de dimensions. A la fin de l'ère radiative, ces cordes, par leur champ d'attraction gravitationnel, commencent à accumuler la matière qui les entoure. Elles constituent ainsi des germes de galaxies, tout comme, dans l'hypothèse précédente, les amas de particules exotiques.

27. *Retour aux observations*

Les deux modes hypothétiques de formation des grumeaux de galaxies vont donner naissance à des effets observationnels différents sur le plan des distributions spatiales et des champs de vitesses.

La théorie des cordes cosmiques en particulier amène à des contraintes assez strictes qui devraient permettre de les identifier relativement facilement si elles existent. La distribution des distances moyennes entre les galaxies (fonction de corrélation) devrait être la même que la distribution des distances moyennes entre les amas et aussi que celle des super-amas. Ce test observationnel semble être positif.

Un test important est relié à la distribution des vitesses relatives des galaxies, corrigée du mouvement d'expansion (courant de Hubble). Des données récentes, encore très discutées, semblent difficilement compatibles avec l'une ou l'autre de ces théories, au moins dans leur expression la plus simple. De même on attend beaucoup de l'exploration de vastes régions de l'espace. Les découvertes récentes de « vides » importants à l'échelle de cent millions d'années-lumière, le fait qu'à cette échelle les galaxies ne semblent pas distribuées au hasard mais qu'elles se disposent en filaments et en feuillets, tout cela impose autant de contraintes qu'une théorie acceptable devra nécessairement rencontrer.

28. *Le ciel comme laboratoire de physique*

L'Univers antique est un vaste laboratoire où s'affrontent et s'entremêlent les théories scientifiques.

Le télescope nous en donne l'aboutissement contemporain tandis que l'accélérateur permet d'en simuler le comportement passé et de comprendre la nature des événements qui y ont laissé leurs marques et dont les empreintes façonnent le cosmos actuel.

Nous vivons depuis quelques années un chapitre fascinant de l'histoire des sciences : la rencontre plus intime que jamais de la physique et de l'astronomie. Des hypothèses relatives au domaine traditionnellement appelé « l'extrêmement petit » ont une influence directe et peuvent être restées dans « l'infiniment grand » et vice versa. L'inventaire des particules élémentaires et de leurs propriétés est directement relié à la distribution spatiale et au champ de vitesse des galaxies.

Glossaire

Champ scalaire, champ vectoriel

La température des différents points de l'espace est un champ scalaire, car on peut la décrire par un seul nombre en chaque point. L'attraction de la pesanteur autour de la Terre est un champ vectoriel car, à chaque point, il faut associer un nombre (sa grandeur) et une flèche indiquant sa direction. Le nombre et la direction constituent un vecteur.

Défaut topologique

Défaut dans la structure de l'espace lui-même, lorsqu'un champ y présente une anomalie soit en un point, soit le long d'une ligne, soit en tous les points d'une surface. Par exemple, pour la loi de Newton, si la masse qui attire est concentrée en un point infiniment petit, la force d'attraction y devient infinie ; donc la gravitation y présente un défaut topologique (ici, c'est une singularité).

Fluctuations quantiques

Pour des dimensions et des durées suffisamment petites, il y a un flou inhérent à la nature des choses, un bruit de fond qui fait constamment varier la vitesse, la position, l'énergie, etc. des particules : c'est ce qu'on appelle les fluctuations quantiques.

Ere radiative, ère massive

Remontons le cours du temps : l'Univers en expansion est de plus en plus dense ; il est donc de plus en plus chaud, comme un gaz qu'on comprime. Mais, si la densité de matière augmente comme T^3 (T : température), la densité de rayonnement augmente comme T^4 (loi de Stefan), c'est-à-dire plus vite. Il faut donc bien qu'il y ait eu un temps où la densité du rayonnement dépassait celle de la matière : c'est l'ère radiative ; par opposition, la radiation est à présent dominée par la masse de la matière : c'est l'ère massive.

Densité critique, densité visible

Si la densité de l'Univers dépasse une certaine valeur, il finira par retomber sur lui-même sous l'action de sa propre gravité, au lieu de rester en expansion pour toujours. La valeur qui sépare ces deux possibilités est la densité critique. Nous suivons ici l'usage anglo-saxon qui préfère l'exprimer sous forme d'une masse spécifique en grammes par cm^3. Le taux actuel de la vitesse d'expansion (constante de Hubble) fixe la densité critique, ρ_0, qui est voisine à présent de $\rho_0 = 10^{-29}$ g/cm^3, tandis que la densité de la matière visible est seulement $\rho = 10^{-31}$ g/cm^3 (masse visible totale divisée par le volume accessible aux observations) et que la densité de matière évaluée par des effets gravitationnels est de 10^{-30} g/cm^3. Exprimée en unités de ρ_0, la densité visible est Ω (visible) = ρ/ρ_0, tandis que la densité réelle, évaluée par des effets gravitationnels, est voisine de Ω (réelle) = 0,1. Nous ne pensons pas que l'Univers atteigne la densité critique $\Omega_c = 1$.

Baryons : voir tableau ci-dessous.

Tableau simplifié des particules élémentaires

HADRONS (sentent la force nucléaire forte).

1) Baryons : protons et neutrons (triplets de quarks) ; ce sont des nucléons car ils sont dans le noyau de l'atome ;
2) Mésons : pions et kaons (doublets de quarks) ;
3) Quarks : up et down, strange et charmed, bottom et top.

LEPTONS (ne sentent pas la force nucléaire forte).

1) Electrons, muons et tauons ;
2) Les trois neutrinos de l'électron, du muon et du tauon.

MESSAGERS DES FORCES

1) Photons (lumière) : transmettent la force électromagnétique et la force électrofaible ;
2) W^+, W^- et Z_0 (messagers lourds) : transmettent la force électrofaible ;

3) Gluons : transmettent la force nucléaire forte (c'est la colle qui cimente le noyau) ;

4) Gravitons : transmettent la force de gravitation.

ANTIMATIÈRE

Hadrons et leptons ont tous une antiparticule correspondante.

PARTICULES EXOTIQUES

Particules purement hypothétiques mais qui pourraient jouer un rôle important en cosmologie : particules de Higgs, photinos et axions.

La masse exprimée en unités d'énergie

La masse m peut être convertie en unités d'énergie E par la relation d'Einstein $E = mc^2$ (c étant la vitesse de la lumière). Par exemple, on dit qu'un proton a une masse au repos de 1 GeV et qu'un électron a une masse au repos de 0,5 MeV, parce que leurs masses correspondent aux deux énergies, respectivement d'un milliard et d'un demi-million d'électrons-volts. L'électron-volt est une unité d'énergie commode pour les expériences parce qu'elle correspond à l'énergie acquise par un électron qu'on accélère au moyen d'une différence de potentiel de 1 volt.

Particules relativistes

Particules qui se déplacent à une vitesse si grande qu'il faut utiliser la relativité pour décrire correctement leur mouvement.

Supersymétrie, supergravité : voir plus loin page 249.

Photinos, axions : particules hypothétiques, voir plus haut page 244 le tableau des particules élémentaires.

Champ scalaire : voir plus haut, page 243.

Bosons et fermions

Deux rayons lumineux peuvent se croiser à angle droit sans se toucher, contrairement à deux autos qui entreraient en collision. C'est parce que les particules de lumière (les photons) peuvent se trouver simultanément au même endroit sans se gêner mutuellement. A cause de cette propriété, on dit que les photons sont des BOSONS (ils obéissent aux lois statistiques décrites par Bose), tandis que les particules qui se cognent sont des FERMIONS (elles obéissent aux lois statistiques décrites par Fermi). L'électron, le proton, le neutron et les différents neutrinos sont des fermions.

Baryons et leptons

Les protons et les neutrons sont des baryons du grec *barus,* lourd, parce qu'ils sont les deux particules qui donnent presque toute la masse aux atomes. La troisième particule dont est faite la matière ordinaire, l'électron, est un lepton (du grec *leptos,* mince) car il est 2 000 fois plus léger que le proton ou le neutron. L'électron est une particule élémentaire, tandis que le proton et le neutron sont formés de deux triplets différents de quarks.

Température du rayonnement fossile

A trois mille degrés Kelvin, les ions et les électrons se recombinent en atomes neutres, de sorte que c'est l'époque où l'Univers devient un gaz transparent, et le rayonnement peut se propager vers nous. Nous l'observons déplacé d'un facteur mille vers les grandes longueurs d'onde par l'expansion de l'Univers, de sorte que la température apparente de cette « lueur fossile » n'est plus que de trois degrés Kelvin.

Champs quantiques

Dans les premiers instants, l'Univers est suffisamment dense pour qu'on soit obligé d'utiliser les théories quantiques (voir page 249).

Invariance de jauge

« Jauge » doit être pris ici dans le sens de calibre, référence.

« Invariance de jauge » signifie que les résultats d'une expérience ne doivent pas dépendre des unités de mesure utilisées. On décrira aussi bien la réalité avec le système métrique qu'avec le système anglo-saxon ! Ce concept, introduit en 1920 par Hermann Weyl dans la théorie des champs, exprime le fait que ces derniers peuvent subir certaines transformations, dites « de jauge », sans que les grandeurs mesurables ne soient modifiées.

Symétrie brisée (voir aussi p. 247)

Quand l'Univers se refroidit en vieillissant, les intensités des quatre forces de la nature, d'abord identiques, deviennent différentes. On dit que leur symétrie, d'abord parfaite, a été brisée.

Température de Curie

Température à laquelle se produit un brusque changement d'état magnétique (de même que la glace change d'état lorsqu'elle devient de l'eau).

Faux vides, vrais vides

Dans le bloc de fer, le champ magnétique peut être nul mais l'énergie potentielle n'est pas à son minimum (c'est un « faux vide »). Lorsqu'on aligne les particules aimantées microscopiques, le champ magnétique devient perceptible mais l'énergie potentielle atteint alors seulement son minimum (c'est un « vrai vide »).

Pertes de symétrie

Le cristal de glace a moins de symétrie que l'eau liquide ; de même, l'aimant a moins de symétrie que le fer chauffé qui a perdu son alimentation. On imagine à présent que les quatre forces de la nature ont perdu leur symétrie originelle (qui existait lorsque l'Univers était extrêmement chaud) à cause de transitions de phase comparables à celle de la congélation de la glace ou à l'aimantation du fer (point de Curie).

COMPARAISON DES QUATRE FORCES
DANS LE PRÉSENT

Nom de la force	*Intensité relat. à faible distance*	*Distance de l'interaction*	*A quoi servent-elles ?*
Nucléaire forte	$\simeq 1$	10^{-13} cm	à cimenter protons et neutrons dans le noyau atomique
Electro-magnétique	1/137	∞	à expliquer l'électricité, les aimants, l'existence des atomes et des molécules
Nucléaire faible	10^{-5}	10^{-17} cm	à expliquer la radioactivité bêta qui change neutrons en protons
Gravitationnelle	10^{-39}	∞	à expliquer les mouvements des corps célestes

La théorie de la Grande Unification, en anglais Grand Unification Theory (ou GUT), s'efforce d'expliquer pourquoi trois des quatre forces (électromagnétiques et nucléaires forte et faible) étaient les mêmes à très haute température.

Unification des forces

On croit que lorsque l'Univers était suffisamment chaud, la gravitation, la force nucléaire faible et la force électromagnétique avaient toutes une intensité aussi grande que la force nucléaire forte. En refroidissant vers 10^{32} K, la force de gravitation a diminué la première ; ensuite les trois autres forces ont commencé à se séparer vers 10^{28} K. Tout cela s'est passé en une fraction de milliseconde pendant l'explosion primordiale.

Champs de Higgs

Champs hypothétiques (nommés d'après le physicien Peter Higgs) qui permettent de décrire les transitions de phase qui brisent la symétrie des forces à haute température.

Vrais vides, faux vides : voir page 247.

Constante cosmologique : voir page 000.

Période de Grande Unification

Période de haute température où trois des quatre forces étaient encore les mêmes : voir page 247.

Unités de température :

La température, qui s'exprime d'habitude en degrés Kelvin, est une mesure de l'énergie d'agitation des particules. On peut donc l'exprimer (comme la masse) en électrons-volts (voir page 245).

Unification électrofaible

En 1967, Steven Weinberg et Abdus Salam ont découvert que la force électromagnétique et la force nucléaire faible peuvent être fusionnées en une seule force que l'on appelle maintenant « électrofaible », en contractant les mots électro (magnétique) et (nucléaire) faible. La nouvelle symétrie résultant de cette fusion théorique leur permet de prédire l'existence d'une particule Z_0 très lourde (180 000 fois plus lourde que l'électron) et de vie extraordinairement courte (10^{-25} seconde). La découverte de la particule Z_0 confirme leur théorie, premier pas vers la grande unification (GUT), et leur fait obtenir le prix Nobel de Physique en 1979.

Supergravité, supercorde

La théorie de la Grande Unification se borne à unifier trois forces et néglige la gravitation. Par contre, les théories dites de supergravité ont pour ambition d'unifier les quatre forces. Pour ce faire, il faut introduire des dimensions supplémentaires dans l'espace-temps. Ainsi une particule ponctuelle se représente par une oscillation d'une supercorde dans un espace-temps à plusieurs dimensions supplémentaires.

Les dimensions supplémentaires sont toutes incurvées en boucles submicroscopiques de 10^{-30} à 10^{-32} cm, ce qui expliquerait pourquoi on ne les a pas détectées physiquement.

Défauts topologiques :

(voir définition p. 243.)

Exemples :

— à deux dimensions : murs domaniaux (p. 249)

— à une dimension : corde (p. 250)

— sans dimension : monopôle (p. 250).

Champs de Higgs : voir page 248.

La sphère de causalité

Si l'on se déplace à la vitesse de la lumière, *c*, la distance R_H couverte en un temps t est $R_H = ct$.

La distance R_H est le rayon de la sphère dans laquelle un événement peut en influencer un autre : la « sphère de causalité ».

Brisure (ou rupture) spontanée de symétrie, mur domanial

Lorsque l'Univers se refroidit, des points séparés par une distance plus grande que leur sphère de causalité ne peuvent pas s'influencer mutuellement, et lors d'une transition de phase causée par le refroidissement, ces points peuvent « cristalliser » d'une manière différente. L'analogie est donnée par le désordre de l'orientation des nombreux cristaux qu'on trouve dans la neige, par opposition à un seul cristal de glace de grandes dimensions. La surface qui sépare deux « cristaux » orientés différemment sera un mur domanial, c'est-à-dire un défaut topologique à deux dimensions.

Longueur d'onde de Compton

Dans le cadre de la mécanique quantique, Louis de Broglie avait associé une longueur d'onde à chaque particule ($\lambda = h/mc$, où h est la constante de Planck). Le physicien américain Arthur Compton, en étudiant la diffusion des photons par les électrons, a utilisé cette longueur d'onde pour expliquer le rayon d'action de l'électron : c'est la longueur d'onde de Compton, qui est donc inversement proportionnelle à la masse *m* de la particule.

Corde cosmique

C'est le défaut topologique à une seule dimension qui ressemble à une corde très fine et qui forme parfois un anneau (ne pas confondre avec supercorde, voir page 249).

Monopôle

C'est le défaut topologique sans dimension, ou tout au moins quasi ponctuel (10^{-29} cm). Si les monopôles étaient assez nombreux ils pourraient fournir la masse manquante et l'Univers pourrait dépasser la densité critique (voir page 244) sans avoir à recourir à de la matière obscure ordinaire.

Transition quark-hadron

Lorsque la température du Big Bang tombe en dessous de 200 MeV, les quarks forment des hadrons, c'est-à-dire qu'ils s'assemblent en doublets et triplets. Les doublets de quarks sont les mésons ; les triplets de quarks sont les baryons (notamment le proton et le neutron).
Voir p. 244, tableau des différentes particules.

Les galaxies ont été formées par des grumeaux primordiaux. Ces grumeaux viennent-ils de fluctuations quantiques ou de défauts topologiques ?

Les cordes cosmiques sont des défauts topologiques.

BIBLIOGRAPHIE

On trouvera une description générale des modèles cosmologiques et des premières phases de l'Univers dans les livres suivants :

Weinberg S., *Les trois premières minutes de l'Univers*, Paris, Ed. du Seuil, 1978.

Reeves H., *Patience dans l'azur, l'évolution cosmique*, Paris, Ed. du Seuil, nouvelle édition mise à jour, 1988 ;

Reeves H., *L'heure de s'enivrer*, Paris, Ed. du Seuil, 1986 ;

Silk J., *The Big Bang*, New York, W. H. Freeman, traduction française publiée bientôt chez Belfond, Paris ;

Lachieze-Rey M., *Connaissance du cosmos*, Paris, Albin-Michel, 1985 ;

Barrow J. et Silk J., *The Left Hand of Creation*, London, Heinemann, 1984.

Pour en savoir plus sur les théories récentes concernant les particules élémentaires, l'unification des forces et les premières phases de l'Univers, on lira avec profit une série d'articles parus dans la revue française *La Recherhe*, notamment :

Demaret J. et Vandermeulen J., « Cosmologie et particules », n° 137, oct. 1982, p. 1152.

Trinh Xuan Thuan, « Le Big Bang aujourd'hui », n° 151, janv. 1984, p. 34.

Trinh Xuan Thuan, « La formation de l'Univers », n° 174, fév. 1986, p. 172.

Bouquet A., « L'inflation de l'Univers », n° 176, avr. 1986, p. 448.

Fayet P., « La supersymétrie et l'unification des interactions fondamentales », n° 197, mars 1988, p. 334.

Enfin un article paru dans la revue américaine *Sky and Telescope* fait le point sur la physique des particules et introduit notamment les champs de Higgs : Davies P., « Particle Physics for Everybody », déc. 1987, p. 582.

TABLE DES MATIÈRES

J.-C. Pecker

L'ÉVOLUTION DES ÉTOILES

H. Reeves

UNE COSMOLOGIE SCIENTIFIQUE

1067-IX-1990. — Imp. Bussière, St-Amand (Cher).
N° d'édition 12795. — Dépôt légal octobre 1990. — Imprimé en France.